Ulrich F. Sackstedt

Browns Gas
Die unerschöpfliche Energiequelle

J.K.Fischer-Verlag

Ulrich F. Sackstedt

Browns Gas

Die unerschöpfliche Energiequelle

Originalausgabe 2010

J.K.Fischer-Versandbuchhandlung + Verlag und
Verlagsauslieferungsgesellschaft mbH
Herzbergstr.5-7
D-63571 Gelnhausen-Roth
Tel.: 0 60 51/47 47 40
Fax: 0 60 51/47 47 41

www.j-k-fischer-verlag.de

Printed in EU

Lektorat, Satz/Umbruch, Bildbearbeitung,
Umschlaggestaltung & Druckvermittlung:

Firma SAMO s.ro.

firmasamo@googlemail.com

ISBN 978-3-941956-05-6

Inhalt

Einleitung

Browns Gas, das klingt zunächst wie ein Produkt aus den Retorten und Erlenmayrkolben eines Alchimistenlabors. Bisweilen liest man auch die Schreibweise „Braungas“ und assoziiert sofort, daß dieses Gas eine braune Farbe haben müsse. Oder könnte vielleicht der Entdecker dieses Gases damit gemeint sein, ein Herr Braun oder Brown?

Damit kommen wir der Sache schon sehr nahe, denn es handelt sich tatsächlich um einen Herrn Brown, genauer gesagt um Mr. Yull Brown. So nannte er sich, nachdem er sich in Australien niedergelassen hatte. Er wurde 1922 in Bulgarien, andere Quellen sprechen von Ungarn, geboren, ging nach russischer Gefangenschaft zunächst in die Türkei und von dort aus nach Australien, wo er in einem Vorort Sydneys zunächst das theoretische Konzept und danach die ersten funktionsfähigen Browns Gas-Geräte entwickelte.

Aber wie so oft in der Geschichte der Erfindungen gab es mal wieder Streit, denn es meldete sich ein gewisser Mr. Rhodes aus den USA zu Wort, der viele Jahre später angab, lange vor Brown das besagte Gas entdeckt und damit gearbeitet zu haben. Aber der Name blieb und so wurde aus Browns Gas eben kein Rhodes Gas.

Bevor wir aber in weitere Einzelheiten gehen, wollen wir an dieser Stelle nur eines hervorheben, nämlich die auf dem Hintergrund herkömmlichen wissenschaftlichen Denkens ebenso überraschenden wie vielfältig nutzbaren Eigenschaften dieses Gases. Einzelheiten dazu weiter unten.

Und noch etwas möchten wir hier voranstellen.

Da die maßgeblichen Herren im Eisenbahnbummelzug der Wissenschaften meist nur ein sehr gemächliches Tempo entwickeln, wenn es um das Ankoppeln neuer Wissenswaggons geht, verwundert es nicht, daß sie in ihren weißen Laborkitteln offensichtlich noch heute eher ungläubig mit dem Kopf schütteln, als sich ernsthaft experimentell mit dieser gasförmigen Materie auseinanderzusetzen.

Denn es ist immer noch etwas Geheimnisvolles, was sich um dieses Gas rankt, und für so etwas ist in der „exakten Wissenschaft“ natürlich kein Platz. Alle Plätze sind ja längst vergeben, alles ist längst erklärt, und was nicht erklärt ist, das gibt es eben nicht, so einfach macht man sich das...!
Und über die mittelalterliche Alchemie lächelt man getrost, auch wenn diese schon die Idee der Transmutation kannte (das Goldmachen aus anderen Elementen) und man mit den vier Elementen „Feuer-Wasser-Luft-Erde“ keinesfalls so falsch lag.
Feuer: Das ist Verbrennung, chemisch also Oxidation, also die Energie- und Wärmegewinnung schlechthin und bis heute verwendet (Kraftwerke, Automotoren,...)
Wasser: Da sind wir schon beim Wasserstoff (griech. hydrogenium = der Wassererzeuger)
Luft: Da sind wir beim Sauerstoff (sowohl in der Luft, als auch im Wasser enthalten)
Erde: Da sind wir beim Silizium (wird aus Sand gewonnen), aber auch bei allen Bodenschätzen.
Daß diese vier „Elemente“ die Grundlage unserer gesamten materiellen Existenz darstellen, wird wohl niemand bezweifeln.

Die Reaktionen der mitunter noch weißbekittelten Wissenschaftler werden etwa so lauten, wenn man ihnen mit Browns Gas kommt: „Browns Gas? Ach, meinen Sie vielleicht Knallgas? Oder wie, oder was haben Sie Neues entdeckt, junger Freund? Ist das wieder so eine spinnerte Idee aus den Esotherikerkreisen? Sie wollen doch nicht etwa auch die physikalischen Gesetze auf den Kopf stellen, oder?“
Ganz abgesehen davon, soll auch Einstein in seinen späteren Gedankengängen festgestellt haben, daß seine Relativitätstheorie noch nicht der Weisheit letzter Schluß sein konnte. Da sei

noch eine Lücke zu schließen. Einstein hatte die Größe, die Unvollkommenheit seiner Gedankengänge zuzugeben. Viele unbedeutendere Wissenschaftler haben diese Fähigkeit leider nicht. Und dann wird uns von unseren Physikspezialisten immer wieder gebetsmühlenartig der erste Hauptsatz der Thermodynamik heruntergeleiert, dem sich alles unterzuordnen habe. Alles andere sei „Gesetzesbruch", mithin verboten. – Wissenschaftlicher Absolutismus.

Wir kennen das. Aber wir lassen uns davon natürlich nicht beirren. Wir stellen gern in Frage, was man in Frage stellen muß, denn nur dadurch kann es Fortschritt geben, nicht im Weitermachen-wie-bisher. Im Gegenteil, jetzt erst recht... haben wir uns gedacht. Wir wollen ja Neues entdecken, nicht wahr? Das suchen wir am besten nicht in den Tempeln der Eingeweihten, sondern in den Kreisen der Förster, Maler, Tüftler und Hobbytechniker, der verkrachten Existenzen und der Öko-Naturalisten, der Aussteiger, der Idealisten und Spinner. Aus diesen Kreisen stammen nämlich die typischen Erfinder und Entdecker. Erfinder kommt von „finden". Sie suchten und sie fanden etwas, in dem sie praktisch arbeiteten, werkelten, bauten, experimentierten, berechneten und verwarfen und wieder aufs Neue anfingen. Versuch und Irrtum war die Methode. Bauanleitungen besaßen sie ja nicht. Und wenn dann etwas Unerwartetes, etwas Unerklärliches dabei herauskam, dann wurden sie meist verlacht oder aber angegiftet, ja sogar bedroht. Aber sie machten weiter. So einer war auch Yull Brown.

Als wir nun anfingen zu suchen, was die Erfinder gesucht und gefunden hatten und im weltumspannenden Netz nachforschten, da war es, als wenn sich plötzlich eine Lawine zu Tal bewegte, eine Lawine aus teilweise widersprüchlichen, teilweise sich ergänzenden oder auch vollkommen deckungsgleichen Informationen, Meinungen, Behauptungen und auch Versuchsergebnissen. Manchmal werden sicher an ganz verschiedenen Stellen der Erde dieselben oder ganz ähnliche Entdeckungen gemacht. Mag sein, daß dies mit den „morphogenetischen Feldern" des Forschers Rupert Sheldrake zusammenhängt. Mag sein, daß diese Erfinder einen universellen Gedankenvorrat, eine Art natürliche Computerfestplatte angezapft haben, die die Erde möglicherweise wie ein virtuelles Feld umgibt. Wir dachten uns jedenfalls, diese Informationen mußten doch irgendwie zu ordnen und in einen logischen Zusammenhang zu bringen sein, aber so, daß es auch der technische Laie versteht. Und wenn uns diese große Aufgabe nicht gelänge, dann hätten wir wenigstens mal einen Anfang gemacht und die Tür aufgestoßen.

Nicht nur, um eine Wissenslücke zu schließen, sondern auch aus dem Bemühen, das Brownsche Gas besonders hier in Europa aus seinem Mauerblümchen-Dasein zu erwecken und ihm endlich zu der Akzeptanz und zu dem wirtschaftlichen Erfolg zu verhelfen, der ihm gebührt, ist es zu diesem Buch gekommen. Wie weiter unten aufzuzeigen sein wird, hat Browns Gas der Energiewirtschaft, der Automobilindustrie, der industriellen Verarbeitungstechnik, der nuklearen Abfallentsorgung und noch weiteren Gebieten soviel zu bieten, daß es einer schweren Unterlassungssünde gleichkäme, darüber hinwegzugehen. Bei der absehbaren Endlichkeit bisheriger fossiler Ressourcen und bei den Risiken bisheriger Energietechnik sowie den Unzulänglichkeiten der bisher eingesetzten erneuerbaren Energien stellt Browns Gas geradezu einen ideale Möglichkeit dar, neue Wege zu gehen, wenn es darum geht, für das Leben auf unserem Planeten Erde auch mit 10 Milliarden oder mehr Menschen darauf erträgliche Bedingungen zu bewahren und in ein neues Energiezeitalter überzuleiten.

Und da Browns Gas sowohl aus den eigenen Sauerstoffvorräten verbrennt, als auch keinerlei Kohlendioxid als End- oder Nebenprodukt dabei entsteht, erübrigt sich fast der Hinweis, daß es den herkömmlichen Brennstoffen um Jahrhunderte voraus ist. Wie ist es eigentlich möglich, daß dieser Wunderstoff bis heute nahezu unbekannt geblieben ist, fragt man sich...?
In diesem Sinne wünsche ich Ihnen beim Lesen viel Freude.

Ulrich F. Sackstedt, im Herbst 2009

Vorbemerkung

Weltmacht Erdöl

Der Klügere gibt nach.
Eine traurige Wahrheit.
Sie begründet die Herrschaft der Dummheit.
(Marie von Ebner-Eschenbach, 1830-1916)

Weltmacht Erdöl. Man könnte aber auch sagen: Welt macht Erdöl... oder: Die Welt mag Erdöl... – Mag sie es wirklich?
Ganz unzweifelhaft ist im 20.Jahrhundert mit der Bereitstellung von Erdöl „zum Segen der Menschheit" ein gigantisches Machtpotential entstanden. Es schien zunächst so, als sei das Erdöl ein Segen für die Menschheit, als man die ersten Quellen erschlossen und das braune Gold, wie man es nannte, sprudeln sah.

Dann hat es uns aber auf einen verhängnisvollen Pfad geführt. Es ging eine innige Verbindung mit den Börsenspielern und Geldverleihern, den Banken, ein. Es wurde investiert wie verrückt, und an den Börsen schossen die Kurse der Erdölunternehmen in die Höhe.

Dieser falsche Pfad hängt wohl mit dem Spruch „Macht euch die Erde untertan" zusammen. Ein Stück mißverstandenes Christentum, welches sich ja einst auch selbst mit kriminellen Methoden ausbreitete.

Und angesichts der zu erwartenden Profite klang die Warnung einiger „rückständiger" Eingeborener, daß der weiße Mann die Mutter Erde nicht verletzen solle, in dem er sie anbohrt oder tiefe Löcher (Minen) hineingräbt, doch ein bißchen lächerlich, auch wenn sie es natürlich nicht war.

Die Ausbreitung des Erdöls ist wohl auch eine direkte Folge der Urbegeisterung am Feuer, am Brennen, an der Wärme, am

Nachahmen der Sonnenenergie gewissermaßen, woraus später dann noch ein Geschwindigkeits- und Machbarkeitsrausch der technisch entwickelten Menschheit sich hinzugesellte, die sich für dröhnende Motoren und rasende Autos, Flugzeuge und Raketen begeisterte.

Der „Segen für die Menschheit" muß aus heutiger Sicht eher fragwürdig erscheinen, denn sowohl die ökologischen Auswirkungen der durch Erdöl bedingten Abgase als auch die enormen Profite der vom Erdöl lebenden Industrien, der privaten als auch staatlich abhängigen oder zumindest geförderten Forschungsstätten und der daraus resultierenden Fabrikationen aller möglichen Produktpaletten sind ein Potential, dem entgegenzutreten schon die mentale Einstellung eines Sisyphus erfordert.

Ganz zu schweigen von den politischen Irrungen und Wirrungen, den Bedrohungen, den Kriegen und Invasionen, Interventionen, Militäreinsätzen oder wie man diese Aktivitäten sonst noch verschleiert, und die schon vor über 100 Jahren begannen, als bestimmte Länder sich den Einfluß auf die Ölquellen anderer Länder sichern wollten. Und diese als „Politik" bezeichneten Machenschaften von Regierungen zugunsten der sie fördernden Konzerne halten ja bis heute an. Die als Regierungen bezeichneten Köpfe staatlicher Systeme wurden und werden damit wiederum selbst regiert, nämlich von den Interessen mächtiger Konzerne und noch über ihnen stehender Finanzmanipulanten. Dies sind keine Verschwörungstheorien, sondern es deuten alle uns zur Verfügung stehenden Informationen darauf hin, daß es tatsächlich miteinander verschworene Interessengruppen sind, die da an der Weltgeschichte herumwerkeln. Nicht mehr als etwa 300 Familien sind es, die dieses Weltnetzwerk aus Macht und Geld und damit die Geschicke dieser Erde immer noch bestimmen.

Länder, die sich diesem internationalen, technokratischen Herrschaftsstreben nicht unterordnen wollten oder wollen, werden

von imperialen Drahtziehern umgehend als Schurkenstaaten abgestempelt, und es werden zum Schutz der ölverbrauchenden Staaten sogenannte Militäreinsätze (= Kriege) gefordert und auch geführt, in denen unschuldige Soldaten für fragwürdige Ziele und materielle Interessen ihr Leben opfern. Umgekehrt stempeln manche ölproduzierenden Länder ihre Herausforderer und Neider ebenfalls zu Bösewichtern, Ungläubigen oder anderswie ab und rufen auf zu „heiligen Kriegen" und der weltweiten Ausbreitung eines religiösen Dogmas, wohl wissend, daß noch niemals ein auf der Welt geführter Krieg heilig gewesen ist, sondern nur Leid und Unheil gebracht hat. Heilig kommt von „Heil", und das ist das genaue Gegenteil. Und dann müssen religiöse Leitbilder in allen Teilen der Welt dazu herhalten, daß die Massen an diese (Öl-) „Politik" glauben, sozusagen als emotionale Absicherung des jeweils „Guten" gegen das „Böse".
Böse ist der, der nicht auf der eigenen, sondern auf der anderen Seite mitspielt in diesem zweifelhaften Spiel. Das ist es, das weltweite Monopolyspiel um das Erdöl und die Einflußsphären.

Browns Gas als Ausweg

Folgen wir mal ganz grundlos optimistisch den Kräften des griechischen Gottes „Atlas", der die Welt auf seinen Schultern trägt, dann könnten wir die Sache packen. Worüber reden wir eigentlich – immer noch über Erdöl?

Richtig. Erdöl, das ja die gesamte Palette der Verbrennungsmotoren bedient, vom U-Boot über das Schiff, das Auto, das Flugzeug bis zur Rakete und außerdem noch große Teile der Stromerzeugung, der Heizung und der Klimatisierung, hat unsere ganze Zivilisation fest im Würgegriff. Und weil es selbst und seine Derivate immer knapper und damit teurer werden, müßten wir uns alle schon längst um eine Alternative gekümmert haben.

Jetzt denken Sie gleich an Atomkraftwerke und Windräder. Das sind aber keine Alternativen, weil erstere ungelöste Probleme der jahrhunderttausendelangen Abfallagerung, der Gefährdung gegen kriegerische Angriffe und der unmerkbar produzierten Strahlung in sich bergen und letztere – neben weiteren Nachteilen – als wetterabhängige und unsichere Energie niemals den Grundlastbedarf an Strom decken können. Man könnte dies mit ökologischen Feigenblättern bezeichnen, die aber dennoch mit ganz großen Summen gefördert werden. Oder gerade deswegen? Mehr dazu in Kapitel 15.

Ganz abgesehen von den riesigen Verschwendungsraten, die all unsere „Kraft"werke – eigentlich müssten sie Wärmewerke heißen – mit sich bringen, die mit der „Abfallwärme" die Flüsse und die Luft aufheizen und als Atomkraftwerke auch noch radioaktive Isotope verteilen, frei nach dem Motto „Das macht ja nichts, da sieht ja keiner"... Atomkraftwerke wurden auch schon mehrfach auf sogenannten Verwerfungslinien zwischen tektonischen Platten gebaut und liegen damit ganz oben auf der Gefährdungsskala für einen GAU (Größter anzunehmender Unfall). Das nur nebenbei zur Pandorabüchse der Atomspaltung. Besser wir hätten es nie gespalten.

Verbrennungskraftwerke herkömmlicher Machart verbrennen Erdöl, Kohle oder Erdgas, produzieren dieselben Unmengen an Verlusten in Form von Abwärme und pusten sie in die Luft. Wenn Sie Anhänger der CO_2-Aufheizungsphilosophie sind, können Sie uns hier zustimmen.

Seit Beginn der Industrialisierung befinden wir uns auf einem energiepolitischen Irrweg, ganz unabhängig von den politischen Systemen, die die jeweiligen Energieformen gefördert und eingesetzt haben. Außerhalb Deutschlands gebaute Atomkraftwerke sind auch nur in manchen Aspekten unsicherer als deutsche, obwohl das Gegenteil behauptet wird.

Spalten wir also nicht weiterhin die Atomkerne und damit die Nationen in Befürworter und Gegner, sondern spalten wir etwas Sinnvolleres, nämlich Wasser.

Heute wird Wasser allgemein nur als Mittel für den Stofftransport angesehen, das sowohl in der Natur, dem Regen, den Bächen und Flüssen, als auch in den Pflanzen als Saftstrom und bei den Tieren einschließlich uns selbst als Blutstrom sich bewegt. Dieses Paradigma ist einseitig, denn Wasser ist viel mehr als das. Wasser wurde auf eine mechanische Teilfunktion degradiert.
Wasser hat Energie, denn Wasser ist „geronnene" Energie.

Verbrennt man Kohle, Öl, Erdgas, Holz oder andere Kohlenwasserstoffverbindungen, so sind diese nach der Verbrennung zerstört. Neben der gewonnenen Energie bleiben Asche und Gase zurück, die die Umwelt belasten oder gar vergiften. So machte man es bisher, und so macht man es immer noch.

Gehen wir ein Stück weit in die Vergangenheit unseres Planeten zurück. „Am Anfang war die Erde öd und leer, und Gott schuf das Wasser." So etwa berichtet es den Christen die Bibel in der Schöpfungsgeschichte. In dieser Anfangszeit war zunächst nur Wasserstoff vorhanden, denn dieses Element ist im weiten Universum gewissermaßen der Urstoff für alles und allgegenwärtig. Dann, als der heiße Gaskern des jungen Planeten langsam abkühlte, gab es – so nimmt man aus heutiger geophysikalischer Sicht an – gewaltige elektrische Entladungen: Spannungsgegensätze zwischen unterschiedlichen Stoffpotentialen – wahrscheinlich bedingt durch die hohen Temperaturunterschiede zwischen dem heißen Urplaneten und dem fast -273° kalten Weltraum glichen sich in Form von Blitzen aus, und es bildeten sich auf der Erde neue Elemente, worunter sich u. a. auch Sauerstoff befand.

Dann, als beide Stoffe zusammenkamen, Wasserstoff und Sauerstoff, bildete sich endlich das Leben spendende Wasser. Und die in diese neue Verbindung hineingeflossene feurige Urenergie der Schöpfung war nun als atombindende Kraft im Innern jedes Wassermoleküls gespeichert. So blieb in jedem

Wassermolekül gewissermaßen die Information der Entstehung für ewig erhalten.

Denselben Prozeß, nämlich die Oxidation von Wasserstoff, machen wir nach, wenn wir aus einem bereits vorhandenen Wasserstoff- und Sauerstoffgemisch – Browns Gas – bei seiner Verbrennung (Oxidation) die Energie zurückgewinnen. Indem wir zuvor Wasser zu Browns Gas gespalten haben, „flutscht" das Gasgemisch aus Wasserstoff und Sauerstoff nun gleich wieder implosiv zurück in seine alte Form, nachdem es seine Energie bereitwillig abgegeben hat. So einfach ist das. Und das Schöne dabei ist, es geht überhaupt nichts verloren, denn aus Wasser wird ja wieder Wasser. Das ist das Einzigartige an diesem Stoff „Wasser", daß wir ihn benutzen, Energie aus ihm herausholen, und dennoch geht nichts von diesem Stoff verloren.

Wir haben bei dem Spaltungs- und anschließenden Zusammenfügungsprozeß nur die Energie herausgeholt, welche die Atome im Molekül verband. „Wasser brennt" so wurde es einmal formuliert. Es brennt zwar nicht selbst, aber nach seiner Spaltung brennt das aus ihm entstandene Gas, Browns Gas. Browns Gas produziert im Gegensatz zu herkömmlichen Energietechnologien keine Reste, noch nicht einmal CO_2! Das sollte doch eigentlich längst staatlich gefördert werden, oder? – Weit gefehlt. Die Energiepolitiker befinden sich in einem Dauerschlaf, hat man den Eindruck. Von der Entdeckung des Browns Gas vor ca. 40 Jahren bis zur Nutzbarmachung war es jedoch ein weiter Weg, und die in dem kleinen Hinterhoflabor von Yull Brown entstandene Idee, die anschließende technische Verwertung und Weiterentwicklung bei BEST Korea und anderswo sind erst ein zweiter Schritt gewesen.

Von Browns Gas soll im folgenden die Rede sein. Browns Gas, das, wie weiter unten noch erläutert wird, zu einer echten vollwertigen Alternative zu Erdöl werden könnte, wenn... ja, wenn es da nicht ein paar riesengroße Hindernisse gäbe. Aber davon haben wir ja schon gehört.

Geben wir Browns Gas eine Chance, dann wird es das halten, was es verspricht. Browns Gas ist ein neuer, aber doch schon sehr alter Stoff der Chemie und der ganzen physikalischen Wissenschaft und ist deswegen irgendwo in den Regalen liegengeblieben, weil Erdöl einfach viel bessere und schnellere Profite versprach. Wasser als Ausgangsstoff für Browns Gas wäre überall verfügbar, Erdöl aber wird nach dem „Cracken“ (Aufspalten in der Destillationskolonne) durch Leitungen und Tankstellennetze mit milliardenschweren Profiten an jeden einzelnen von uns verkauft. – Lukrativ, nicht wahr? Aber es ginge auch anders.

Der dritte noch fehlende und eigentliche Fort-Schritt wäre nun die weltweite Anerkennung dieser Technik und damit das nachhaltige Zurückdrängen von Erdölprodukten zur Energiegewinnung zugunsten des überall verfügbaren Wassers. Helfen wir Browns Gas, dann helfen wir uns allen, und auch denen, die von einem sogenannten CO_2-Problem sprechen. Dazu möchte unser Browns-Gas-Buch einen Beitrag leisten.

Kapitel 1

Browns Gas - eine unerschöpfliche Energiequelle

„Die gegenwärtige Technik ist entweder ein tragischer Irrtum oder ein absichtliches Verbrechen, denn sie nutzt jene destruktiven Kräfte zum Antrieb von Maschinen, Motoren, etc., welche die Natur zum Abbau alles Entwicklungsunfähigen einsetzt."
(Viktor Schauberger, 1885-1958)

Damit meinte Schauberger sehr zutreffend die bis jetzt weltweit verbreitete Explosionstechnik.

Der Traum von einer unerschöpflichen Quelle von Energie ist so alt wie die derzeitige technische Zivilisation. Man denke dabei nur an den Begriff „Perpetuum mobile" (das sich ständig Bewegende), der innerhalb der an den Hochschulen gelehrten Wissenschaft allerdings der Lächerlichkeit preisgegeben wurde. Dies aus dem einfachen Grunde, daß nicht sein kann, was nicht sein darf, denn für ein Perpetuum mobile ist in den tradierten „Gesetzen" bisheriger irdischer Physik schlicht kein Platz.

In dieser auch „klassisch" genannten physikalischen Lehre geht man davon aus, die Erde sei ein begrenzter, gewissermaßen in sich abgeschlossener Raum, weshalb die auf dieser Erde befindlichen Körper auch nur mit einer begrenzten Energiemenge arbeiten bzw. sich bewegen können.

Betrachtet man die Erde jedoch anders, z. B. als ein winziges Kügelchen in den Tiefen des Weltalls, als Teil eines weitaus größeren Systems, so wird jedem schnell klar, daß im großen Gefüge der Keplerschen und Galileischen Himmelsmechanik sehr wohl Platz ist für andere, von außen kommende Energien

und Kräfte, die auf den Himmelskörper Erde und die darauf befindlichen Gegenstände und Lebensformen einwirken.
Die Denker und Forscher des griechischen Altertums sprachen ja auch nicht vom Weltall als einem leeren Raum, also quasi einem Nichts, sondern von einem Fluidum, einem Äther, das bzw. der den weiten Raum erfüllt und sich als gewissermaßen noch reinere „Luft“ über der eigentlichen Luft der Atmosphäre befindet. Da man aber mit den Meßgeräten, die dann die moderne Physik im 19. und 20. Jahrhundert hervorbrachte, keinen solchen Äther messen konnte, existierte er für die Physiker auch nicht. – So einfach ist das.

Die Folge ist, daß dieser angeblich nichtexistente Äther bis heute nicht erforscht ist. Der Außenseiter-Forscher Eduard Krausz hingegen hat ihn wiederentdeckt. In seinem Buch „Das Universum funktioniert anders“ stellt er den Äther als eine entscheidende physikalische Größe dar, wenn es darum geht, den Ursachen der Schwerkraft auf den Grund zu gehen. Krausz entwickelte daraus eine völlig neue Theorie von der Schwerkraft, die er tatsächlich mit den Ergebnissen seines „Gelsenkirchener Experimentes“ verifizieren konnte.

Demnach kann Schwerkraft keine unveränderbare, nur von der Masse jedes Körpers abhängige physikalische Größe sein, sonst wäre sie mit dem besagten Experiment nicht manipulierbar gewesen. In diesem Versuch, der oft danach wiederholt werden konnte und immer wieder dasselbe Ergebnis zeigte, wird die (nach Krausz) von außen als interstellares Fluidum kommende Kraft durch einen superschnell rotierenden Metallzylinder teilweise abgeschirmt, so daß der innerhalb des Zylinders befindliche Körper an Gewicht abnimmt. Dieser Effekt ist mit dem herkömmlichen Denkmodell der Schulphysik nicht erklärbar und hätte danach nicht eintreten dürfen(!). Nach Krausz ist Schwerkraft damit keine innenbürtige Kraft, mit der jeder Planet die auf ihm befindlichen Körper anzieht, sondern drückt als eine in alle Richtungen des Universums sich ausbreitende Äther-Druckwelle, hervorgerufen durch ständige Supernova-Explosionen, alle darauf befindlichen Körper von außen auf ihre Planeten und hält so auch den umkreisenden Mond nahe der Erde.

Doch zurück zum Perpetuum mobile.

Wer sich eingehender mit der sogenannten „freien Energie“ beschäftigt hat, wird ziemlich schnell auf den Begriff „overunity“ (= über 100%) gestoßen sein, was nichts anderes bedeutet, daß man aus einer Maschine mehr Energie herausbekommt, als man hineingegeben hat. Das aber kann nach der Schulphysik nicht sein, denn sie geht davon aus, daß von der jeweils hineingegebenen Energie (input) immer nur ein Teil zum eigentlichen Zweck verwendet werden kann (output) und der Rest in Form von „Verlusten“ (Reibungsverluste in Form von Abwärme) auf der Strecke bleibt.

Ist es eigentlich nicht statthaft anzunehmen, daß man Maschinen entwickeln könnte, die zwar auch Verluste haben, deren Verluste aber durch das Einfließen anderer, ständig zur Verfügung stehender, also unerschöpflicher Energie ausgeglichen werden? Auf einer amerikanischen Webseite, die sich mit Meyers Wasserauto beschäftigt, steht, es hinge von der Größe des Systems ab, das eine Maschine umgibt, ob diese eine Overunity-Maschine darstellt oder nicht. Als Beispiel wird ein Staudamm herangezogen, der ja im Laufe vieler Jahre wesentlich mehr Energie produziert, als man beim Bau hineingegeben hat. Stimmt. Die Erklärung ist einfach: Es wird mittels der Schwerkraft, die das Wasser zu Tal fließen läßt, ständig Energie nachgeliefert, Tüftler, Erfinder und Bastler haben weltweit nicht geruht, bis sie glaubten, doch ein Perpetuum mobile oder wenigstens eine Overunity-Maschine gefunden zu haben. Und sie fanden sie tatsächlich. Dies ist inzwischen in den verschiedensten technischen Apparaturen der sogenannten „freien“ Energie belegt. Sie hatten damit Maschinen entwickelt, die nach einem Anstoßen, einem Impuls von außen, einer Startenergie, von allein weiterliefen und nicht zu laufen aufhörten. Ein gutes Beispiel hierfür ist der von dem Schweizer Baumann entwickelte Testatika-Generator, der freie Energie aus der statischen Elektrizität der Luft gewinnt. Anstatt, daß die Schulphysiker darüber begeistert gewesen wären, daß jemand eine neue Tür in der Wissenschaft aufgestoßen hatte, reagierten sie ärgerlich, ignorierten die Erfindung oder verlachten den Erfinder... weil – wie schon gesagt – nicht sein kann, was nach den selbst eingeführten, inzwischen aber überholten Erklärungsmodellen nicht sein darf. Die Physik ist ein geschlossener Raum von Erklärungen, und was sie nicht erklären kann, das gibt es eben nicht. – Tür zu und Ende der Diskussion.

Ob auch der Einsatz von Browns Gas ein typisches Perpetuum Mobile bzw. ein Overunity-Gerät darstellt, ist zum Zeitpunkt des gegenwärtigen Entwicklungsstandes noch nicht eindeutig einzuschätzen. Manche, die sich damit beschäftigt haben, verneinen dies.

Dennoch bleiben Zweifel, denn Begriffe wie „Implosion“, „Energiewirbel“ u. a. sind Bestandteile neuer Denkansätze und Forschungsergebnisse, die der praktischen Anwendung die passende Theorie nachliefern können.

Dies wäre in der Tat eine neue Aufgabe, der sich die Physik einmal widmen sollte, denn es gehört nicht zu den Aufgaben eines Erfinders, daß er sich eine Theorie zu den von ihm gefundenen Versuchsergebnissen zusammenbastelt. Er kann dies tun, aber er muß es nicht tun, denn er ist ja in erster Linie an praktischen Lösungen interessiert.

Wir haben es bis heute nicht geschafft, das Phänomen des Lebens „wissenschaftlich“ so zu erklären, daß wir um die Ursache und den Sinn dieses Phänomens Bescheid wüßten. Es reicht der Wissenschaft aus, daß sie das Leben in seinen Erscheinungsformen beschreibt und bis in den letzten Winkel der DNS-Doppelspirale ausgekundschaftet hat.

Die Erforschung und vollständige Erklärung von Browns Gas aber steht noch aus.

Auf jeden Fall sollten Skeptiker, die Browns Gas gern in den Bereich esotherischer Welten verlagern wollen, folgende Erkenntnis eines amerikanischen Wissenschaftlers mehrmals lesen:
(zusammengefaßt aus: Peter E. Lowrie „Electrolytic Gas" (PDF-Broschüre, 16 S., 15. 6. 2006, wissenschaftlicher Aufsatz)

Bevor es (auf der Erde) Wasser gab, gab es nur Gas. Im Weltraum wird Wasser durch elektrische Entladungen mit Hilfe hinreichend dichter atomarer oder molekularer Wolken gebildet.
Dabei wurde terrestrisches Wasser auf drei verschiedenen Arten geformt:

1. Wasser, das aus dem Weltall aufgefangen wurde
2. durch elektrische Entladungen
3. durch zellulären Stoffwechsel

Eine geringe elektrische Entladung setzt Kettenreaktionen zwischen Wasserstoff und Sauerstoff in einem physikalischen Prozeß in Gang, der um Größenordnungen mehr Energie abgibt, als erforderlich ist, um dann in einer elektrochemischen Reaktion den daraus entstehenden Sauerstoff abzuspalten. Dies alles schmälert in keiner Weise die physikalischen Gesetze, wenn diese Fakten in ihrem korrekten Zusammenhang dargestellt werden.

Das Oxyd des Wasserstoffs (Wasser!) existierte zeitlich also nicht vor dem Gas, sondern umgekehrt.

Soweit Elektrolysegas als Brennstoff für Verbrennungsmaschinen angewendet wird, muß man darauf hinweisen, daß die **erste Verbrennungsmaschine**, die im Jahre 1807 erfunden wurde, solch elektrolytisches Gas als Brennstoff verwendete.

Quelle: www.waterpoweredcar.com

Wasserstoff und Sauerstoff aus Wasser

Ganz ohne Chemie geht es bei der Beschreibung von Browns Gas natürlich nicht.

Stellen wir uns einmal ganz normales Wasser vor, so werden die meisten von Ihnen wissen, aus welchen chemischen Elementen es besteht, nämlich aus Wasserstoff und Sauerstoff. Betrachten wir die chemische Formel H_2O, so erkennen wir unschwer, daß hier zwei Teile Wasserstoff (O = Oxygenium) und ein Teil Sauerstoff (H = Hydrogenium) zusammenhängen.

Der Chemiker sagt: Zwei chemische Elemente haben sich zu einem Molekül verbunden, oder auch: Wasserstoff ist durch Sauerstoff zu Wasser oxidiert. Wasser ist somit nichts anderes als oxidierter Wasserstoff, also Wasserstoffoxid.

Außer dem normalen Wasser H_2O gibt es noch ein weiteres Oxid des Wasserstoffs, nämlich das ölige Wasserstoff(su)peroxid (H_2O_2), welches sehr aggressive Eigenschaften hat und deswegen nur in mit normalem Wasser verdünnter Form aufbewahrt und angewendet wird. Wasserstoffperoxid entsteht auch mit Hilfe der Sonnenstrahlung und das wußten die Alten schon, die ihre frisch gewaschene Wäsche zum Bleichen auf eine von der Sonne beschienene Wiese legten. Die in der Wäsche noch steckende Restfeuchtigkeit wurde durch die Sonnenstrahlung teilweise in Wasserstoffperoxid umgewandelt, einfach indem das Wassermolekül noch ein weiteres freies Sauerstoffatom aufnahm: $H_2O + O = H_2O_2$. Mit derselben Formel H_2O_2 läßt sich ein weiterer chemischer Verwandter des Wassers benennen, nämlich das sogenannte Knallgas.

Folgt man den Beschreibungen und Warnhinweisen verschiedener Hersteller von HHO/Browns-Gas-Energiespargeräten für PKW, so scheint das darin erzeugte Gas tatsächlich die explosiven Eigenschaften von Knallgas zu haben.

Es ist daher anzunehmen, daß diese Geräte tatsächlich kein reines Browns Gas, sondern eine Art Mischgas oder reines Knallgas produzieren, das aus Wasserstoff entsteht, der mit der Umgebungsluft reagiert. Oft wird hier auch von einer reinen Wasserstoffverbrennung gesprochen, die ja nicht identisch ist mit der Verbrennung von Browns Gas.

Vieles deutet darauf hin, daß Browns Gas im Gegensatz zu Knallgas nur eine andere Konfiguration unseres Lebenselementes Wasser ist. Browns Gas wird demzufolge von einigen Herstellern auch als gasförmiges Wasser bezeichnet. In manchen Quellen findet man die Ansicht, daß Browns Gas sowohl molekulare als auch atomare Bestandteile enthalte, woraus sich möglicherweise seine ungewöhnlichen Eigenschaften erklären ließen. Wiseman (Eagle Research), der in Kanada seit Jahrzehnten Browns Gas-Geräte herstellt, sagt, was Yull Brown auch schon sagte, Browns Gas habe eine ganze Anzahl von Erscheinungsformen und Bestandteilen. Zum größten Teil bestehe es aus zweiatomigem Wasserstoff (H_2) und zweiatomigem Sauerstoff (O_2). Ein bis drei Prozent des Gases seien aber aus einatomigem Wasserstoff (H) und Sauerstoff (O) zusammengesetzt. Von diesen sei aber bekannt, daß sie nicht stabil sind. Dennoch können sie in einem stabilen Zustand verharren, was er selbst festgestellt habe, da er (Wiseman) Browns Gas über mehr als ein Jahr lang aufbewahrt habe und es danach noch immer seine typischen Eigenschaften besaß.

Wie in jeder Verbindung bzw. chemischen Bindung steckt auch im Wassermolekül Energie, Bindungsenergie. Was passiert nun, wenn wir das Molekül wieder aufknacken? Wird die Energie wieder frei? Logischerweise müßte sie das, und sie tut es auch. Vorher hatten wir eine Oxidation. Wenn wir den Vorgang nun also umkehren, bekommen wir eine Rückführung auf den vorherigen Zustand, eine sogenannte Reduktion.

$$2 \cdot H_2O \leftrightarrow 2H_2 + O_2$$

Weil diese chemische Reaktion also in beide Richtungen laufen kann, sowohl als Reduktion als auch umgekehrt als Oxidation, nennt man sie Redox-Reaktion. Die Oxidation des Wasserstoffs, also seine Verbrennung, führt dann automatisch wieder zur Entstehung von Wasser als Endprodukt. Es geht also dabei nichts verloren, einfach phantastisch!

Nach seinen Beobachtungen, die er über lange Zeit bei seinen Versuchen machte, hat George Wiseman folgende Theorie zu Browns Gas aufgestellt:
Bei der normalen Elektrolyse – also, wenn kein reines Browns Gas entsteht – erwärmt sich das Elektrolysegefäß beträchtlich. Es wird also ein Teil der hineingesteckten elektrischen Energie von 442,4 kcal (exothermisch) in Wärme umgewandelt. Dies erklärt Wiseman damit, daß sich die H- und O-Atome jeweils wieder zu H_2- und O_2-Molekülen zusammenschließen und dadurch Wärme absondern.

Im Umkehrschluß dürfte sich keine Wärme zeigen, wenn es nicht zur Bildung von di-atomischen Molekülen käme (also H_2 und O_2), sondern H und O atomar erhalten blieben. Und tatsächlich, so Wiseman, habe er bei reiner Browns-Gas-Erzeugung keine Wärme feststellen können.

Das klingt logisch und führt zu der Auffassung, Browns Gas bestände nur oder zumindest überwiegend aus atomarem Wasserstoff und atomarem Sauerstoff.

Zusätzlich sei nach Wiseman auch ein signifikant größeres Gasvolumen – nämlich genau das Doppelte – bei der Browns-Gas-Gewinnung zu beobachten, da ein Mol atomaren Wasserstoffs und ein Mol atomaren Sauerstoffs zusammen mehr Gasvolumen ergäben als jeweils ein Mol di-atomischen Wasserstoffs und Sauerstoffs (Mol = 22,4 Liter eines mono-atomischen Gases).

Diese Gasmenge (22,4 l) entspricht laut dem Naturgesetz Avogadros immer dem Atomgewicht des Gases in Gramm.

1 Mol Sauerstoff wiegt also 16 Gramm (O hat das Atomgewicht 16).
1 Mol Wasserstoff wiegt 1 Gramm (Atomgewicht 1).
Daraus folgt: H_2, also 2 Atome von H, wiegen 2 Gramm, Molvolumen 22,4 · 2 = 44,8 Liter).
Ein Atom Sauerstoff O wiegt 16 Gramm, Molvolumen 22,4 Liter.
Angewendet auf Wasser H_2O bedeutet dies: 2 Gramm + 16 Gramm = 18 Gramm, Molvolumen 44,8 + 22,4 = 67,2 Liter.
Wiseman sagt dazu, wenn 2 Gramm-Mol Wasser, also 2 · H_2O (= 36 Gramm) elektrolytisch gespalten werden, dann entstünden zwei Mol H_2 (44,8 Liter) + ein Mol O (22,4 Liter), was zusammen einer Gasmenge von 67,2 Litern entspricht.

Diese Berechnung konnte Wiseman, wie er sagt, durch seine Experimente bestätigen.

Spaltet man also einen Liter Wasser zu normalem, di-atomischen H_2O_2-Gas, so entstehen daraus 933,3 Liter Gas, spaltet man es aber zu Browns Gas, so entsteht, wie an vielen Stellen schon beschrieben wurde, tatsächlich die doppelte Menge, also 1866,6 Liter.

Wiseman sagt weiter, wenn bei der Browns Gas-Gewinnung keine zusätzliche Wärme produziert wird, dann wäre das auch eine Erklärung für die relativ „kalte“ Flamme von 129° bis 138° C, wo dann auch bei der erneuten Verbindung zu Wasser, der Oxidation (Verbrennung) also, ebenfalls keine überschüssige Wärme abgegeben wird.

Diese Art der Oxidation wäre also eine nicht-exotherme, weil implosive Verbrennung.
Wie kommt es aber, so fragt auch Wiseman, daß die Browns Gas-Flamme dann auf 3100° ansteigt? Wo kommt die Wärme her?
Spekulieren wir mal: Könnte es sein, daß die implosive Reaktion weitere große Energiemengen aus dem Raum anzieht und verwertet? Hängt es damit zusammen, daß sich nach Meinung

einiger Wissenschaftler spontan Wasserstoffatome im Raum bilden können, die in die Implosionsreaktion einfließen?
Und gibt es dafür vielleicht einen Informationsaustausch zwischen dem Gas und dem von ihm berührten Stoff?

Klar ist – weder bei der Reaktion, noch bei der Oxidation von Browns Gas entsteht überschüssige bzw. „unnötige“ Wärme. Das scheinen Wisemans Experimente und Schlußfolgerungen zu beweisen.

Wiseman warnt davor, daß man nicht davon ausgehen solle, bei einem beliebigen Elektrolysegerät reines Browns Gas zu erhalten. Es kämen oft Mischungen von di-atomischem und mono-atomischem Gas vor. Dies hänge von der jeweiligen Bauform der Geräte ab (?). Durch eine Analyse der Flammentemperatur an der Luft und der auf die verbrauchte Wassermenge bezogenen Gasmenge sei nachzuweisen, ob es reines Browns Gas sei. Darum sei das Verwenden von Sicherheitseinrichtungen wie dem Flammenrückschlag-Verhinderer (Bubbler, u. a.) unumgänglich. Explosionen von Nicht-Browns-Gas könnten gefährlich sein. Wer selbst experimentieren will, achte auf jeden Fall darauf, ebenso auf Dinge wie Schutzbrille, Schutzkleidung, Ohrenschutz, Schutzscheiben und das Einhalten von Sicherheitsabständen.
Soviel zu Wisemans Einschätzungen.

Wasserstoff und auch Sauerstoff, die im Wassermolekül zu einem Dipol verbunden sind, scheinen beide ganz außergewöhnliche Elemente zu sein, deren wahre Bedeutung die modellhaften Erklärungen der Wissenschaft bis heute nicht haben einschätzen können.

Auch das neue Wissen des „**Global Scaling**“ hat feststellen können, daß Browns Gas eine ganz besonders energiehaltige Stelle in der Fraktalstruktur unserer Materienwelt besetzt.
Da also bei Browns Gas nur reiner, sozusagen selbst mitgebrachter Sauerstoff als Oxidator zur Anwendung kommt,

tritt hier als Verbrennungsprodukt nur wieder der Ausgangsstoff zum Vorschein.

Damit haben wir nun einen neuen Energieträger. Aber haben wir ihn ohne Energieaufwand bekommen? Natürlich nicht. Das Ganze funktioniert nur, wenn wir der in Gang zu setzenden Wasserspaltung (Elektrolyse) Energie zuführen, und zwar durch die Einwirkung des elektrischen Stromes. Mit Hilfe einer niedrigen elektrischen Gleichspannung ist es unter ziemlich hohem Stromfluß möglich, Wasser in seine beiden Bestandteile zu zerlegen. Manche Browns Gas-Forscher sind davon erfolgreich abgewichen, haben statt Gleichspannung eine hochfrequente und teilweise auch hohe Wechselspannung benutzt, impulsförmige Spannungen auf die Gleichspannung gegeben, mit Hochspannung oder mit Laserstrahlen gearbeitet und damit den Gasausstoß so erhöht, daß sich ein autarker Wasserantrieb damit bewerkstelligen ließ.

Gehen wir nun einige Schritte zurück in die Geschichte der Chemie und zeigen damit, daß schon die Alten zu Ergebnissen kamen, die noch heute gültig sind. Mit der elektrolytischen Spaltung haben sich schon die ersten Chemiker der Wissenschaftsgeschichte beschäftigt. Man kann mit Hilfe der Elektrolyse natürlich noch viele andere chemische Substanzen zerlegen. Uns interessiert hier aber nur die Wasser-Elektrolyse.

Historische Wurzeln

Die technischen Voraussetzungen für die Elektrolyse schuf als erster der Italiener Alessandro Volta – er ist auch Namensgeber der elektrischen Einheit „Volt" – mit seiner „Voltaschen Säule", einem Vorläufer der heutigen Batterie. Damit hatte man erstmals eine Gleichstromquelle. Als die britische Royal Society im Jahre 1800 davon erfuhr, begannen mehrere Chemiker mit Elektrolyse-Experimenten: *Cruickshank, Nicholson* und *Carlisle*. Anthony Carlisle wies als erster nach, daß durch elektrolytische Spaltung aus Wasser zwei Gase im Verhältnis 2 :1 entstehen. Andere Quellen geben die Holländer Troostwijk und Deiman an. Aber erst der deutsche *Johann Wilhelm Ritter* bewies, daß diese Gase Wasserstoff (2 Teile) und Sauerstoff (1 Teil) waren. Andere Quellen sprechen von Lavoisier. Schließlich vertiefte der Engländer Michael Faraday im Jahr 1832 das Elektrolysewissen, in dem er bestimmte chemische Gesetzmäßigkeiten entdeckte, auf die wir an dieser Stelle nicht näher eingehen müssen. Er entwarf auch erste funktionstüchtige Elektrolyseapparate.

Von der Wasser-Elektrolyse zur Nutzung von Browns Gas

Um dem Verständnis von Browns Gas (auch Browngas, Brownsches Gas, bzw. in seinen verschiedenen Modifikationen oder Mischformen auch HHO, Hydroxy oder Oxyhydrogen genannt) auf die Spur zu kommen, betrachten wir zunächst, wie eine Wasserelektrolyse praktisch vor sich geht.

Man nimmt ein elektrisch nicht leitendes Gefäß (Glas, Kunststoff), in welches zwei metallene oder aus Kohlenstoff bestehende Stäbe (die Elektroden) hineinmontiert sind. Die Stäbe stehen sich im Gefäß gegenüber und schauen später oben ein wenig aus der Flüssigkeit, dem Elektrolyt, heraus. Das Gefäß wird nun mit Wasser als Elektrolyt gefüllt und durch Zugabe von etwas Kochsalz, Schwefelsäure oder Kalilauge elektrisch besser leitend gemacht.

Dann wird an die beiden Elektroden (+ und – Pol) eine niedrige elektrische Gleichspannung angelegt (unter 20 Volt). Nach einer gewissen Zeit erwärmt sich nun das Wasser bzw. die Lösung, und die Oberfläche fängt an zu schäumen. Dieser Schaum besteht aus Gasbläschen. An der Kathode, dem Minuspol, steigt Wasserstoff auf und an der Anode, dem Pluspol, Sauerstoff. Manche Browns-Gas-Forscher, wie z. B. Stanley Meyer, haben ganz auf die Zugabe von elektrolysefördernden Stoffen verzichtet,

weil sie andere Methoden zur Verbesserung der Gasproduktion gefunden hatten. Auch die jetzt seit einiger Zeit schon am Markt angebotenen Elektrolysezellen brauchen teilweise nur reines Wasser zum Betrieb. Davon später mehr.
Da man in der herkömmlichen Technik bisher lediglich an dem erzeugten Wasserstoff interessiert ist, läßt man dort den gleichzeitig miterzeugten Sauerstoff außer acht.

Wohin dann mit dem erzeugten Wasserstoff? Man speichert ihn in Druckflaschen, um ihn schließlich zum Ort der Verwendung zu transportieren.

Wasserstoff wurde früher häufig zum Schweißen benutzt. Dieses Verfahren wurde erstmals 1926 von **Langmuir** entwickelt. Der Aufwand von Druckflaschen, Füllstationen und Transport schlägt bei all dem beträchtlich zu Buche und muß auch in die Energiebilanz mit einfließen.

Nicht so bei Browns Gas.

Dieses kann auf die Transportkette verzichten, da es immer an Ort und Stelle hergestellt werden kann. Der Prozeß der Hydrolyse, wie man die Wasserzerlegung auch nennt, vollzieht sich in einem Gefäß mit vielen, hintereinander geschalteten Elektrodenpaaren. Der Elektrolyt besteht entweder aus reinem Wasser oder aus Wasser unter Zusatz eines reaktionsfördernden Stoffes wie z. B. Kalilauge (KOH) oder Natronlauge (NaOH).

Dabei werden aus nur einem Liter (!) Wasser rund 1860 Liter Browns Gas (1238 Liter Wasserstoff und 622 Liter Sauerstoff entsprechend dem Verhältnis 2 : 1). Hier ist also der bedeutende Unterschied zur herkömmlichen Wasserstofferzeugung.

Browns Gas heißt: es wird aus dem für die Hydrolyse zur Verfügung stehenden Wasser ein Gasgemisch hergestellt, welches die Komponenten Wasserstoff und Sauerstoff im

selben Mischungsverhältnis enthält wie das Wasser, aus dem es gewonnen wurde, nämlich 2 :1.

Dadurch verbrennt der Wasserstoff anschließend durch seinen aus der chemischen Verbindung H_2O „mitgebrachten" Sauerstoffanteil, nicht etwa mit Hilfe der Außenluft. Er brennt gewissermaßen aus sich selbst. Eine solche Verbrennung ist keine explosive, sondern eine implosive Reaktion.

Man könnte das bildlich mit einer Spirale vergleichen, die bei der Hydrolyse aufgedreht und bei der anschließenden Verbrennung wieder zurückgedreht wird: Die kurz zuvor getrennten Atome H und O finden sozusagen wieder zueinander zurück. Implosiv auch deshalb, weil bei der Oxydation (Verbrennung) aus einer sehr großen Menge Browns Gas wieder eine kleine Menge Wasser wird.

Die Firma B.E.S.T. Korea, Hersteller von Browns-Gas-Anlagen, sagt deshalb auch unmißverständlich:

„Streng genommen stellt nur Browns Gas den Weg dar, Wasser zu einem definierten und leicht herzustellenden Brennstoff zu machen. Deshalb können wir gar nicht umhin, Browns Gas in den Mittelpunkt des Wasserstoffzeitalters zu stellen... Browns Gas ($2\ H_2 + O_2$) unterscheidet sich von Wasserstoff (H_2) und ist ja selbst Wasser ($2\ H_2O$)... Die Erfindung der Serien-Elektrolytzelle kann Wasserbrennstoff in unbegrenzter Menge zur Verfügung stellen."

Browns Gas hat noch einen weiteren Vorteil gegenüber anderen Brennstoffgasen, seine Energieausbeute ist wesentlich höher.

Gasart	**Energiegehalt**
Browns Gas	153,5 Megajoule/kg
Wasserstoff	116,3 MJ/kg
Rohöl, Benzin, Diesel	je etwa 30 MJ/kg

Baut man ein solches **Hydrolysegerät in ein Kraftfahrzeug** ein, so wird die Spaltungsenergie dem Bordsystem (on-board electrolyzer) entnommen, in dem die nötige elektrische Leistung von der Lichtmaschine des Motors zur Verfügung gestellt wird. Mit einem solchen Gerät sollen Kraftstoffeinsparungen von 15 bis 25%, nach manchen US-Herstellerangaben sogar über 50% möglich sein.

Allein 25% wären schon ein riesiger Fortschritt, wenn man sich die riesigen Benzinmengen vorstellt, die ohne eine solche Einsparung täglich nutzlos verschwendet werden.

Wie schon gesagt, nach den Angaben seines Entdeckers entsteht Browns Gas dadurch, daß kein Sauerstoff aus der Außenluft zur Verbrennung des Wasserstoffs herangezogen wird, sondern nur der bei der Elektrolyse ebenfalls entstehende „eigene" Sauerstoffanteil aus dem Elektrolysewasser. In einer gemeinsamen Ableitung (engl. common duct) werden diese Gase im Ansaugweg (Luftfilter) des Motors zum Ort der Verbrennung transportiert und dem im Zylinderkopf verbrennenden Benzin-Luft-Gemisch zugefügt.

Der Einspareffekt liegt in der wesentlichen Verbesserung des Verbrennungsprozesses, so daß auch ein Katalysator nicht mehr erforderlich wäre.

Nachträglich untersuchte Motoren zeigten, daß die Brennräume durch den optimierten Verbrennungsprozeß nach einer gewissen Zeit völlig frei von den üblichen Ablagerungen waren, was dem Motor natürlich eine viel höhere Lebensdauer bescheren würde. In den USA und auch anderswo soll es darüber hinaus einigen wenigen Tüftlern gelungen sein, ein Auto praktisch nur mit Wasser als Brennstoff zu betreiben. Davon später mehr.

Ein weiterer Anwendungsbereich ist das Autogen-Schweißen mit Browns Gas, welches ungewöhnliche Phänomene zeigt. Das aus einem speziellen Brenner (torch) strömende Gas bildet nach der Zündung eine ungewöhnliche lange und dünne Flamme. Bei nur einigen Millimetern Durchmesser ist diese 10 bis 30 cm lang. Im Leerlauf, d. h. ohne Heranführen an Schweißgut, beträgt die Flammentemperatur nur 138 Grad Celsius, und man kann mit der ungeschützten Hand ohne Schaden zügig durch sie hindurchfahren. Hält man sie aber z. B. auf Wolfram, ein äußerst hartes Metall, so erreicht die Flammentemperatur binnen kurzem fast 6000 Grad und bringt den Stoff zum Sublimieren (Aggregatzustand wechselt vom festen in den gasförmigen Zustand). Solche erstaunlichen Eigenschaften zeigen sich bei Browns Gas.

Aus einem Prospekt der englisch-thailändischen Firma „Siamwaterflame" entnehmen wir :
„Brown-Gas (kurz: BG) kann in den verschiedensten Nutzungsbereichen angewendet werden.

BG ist ein Gasgemisch (H_2 und O_2) besonderer Art. Im Leerlauf, d. h. wenn die Flamme nur in die Luft gerichtet ist, hat sie einen sehr langen, dünnen Flammenstrahl und nur eine Temperatur von ca. 140 Grad. Trifft sie aber auf ein Substrat, also auf Schweißgut wie Metall, Stein,... so erhöht sich ihre Temperatur um ein Vielfaches. Warum das so ist, muß die Wissenschaft noch klären. Es hängt sicher damit zusammen, daß der Kontakt zu festen, dichten Materiestrukturen eine Art Verstärkungseffekt auslöst, eine Energieaufschaukelung aus bisher noch nicht endgültig geklärten Energiequellen."
Die sogenannte Implosion (Viktor Schauberger) mit ihrer Vortex-Bildung (spiraliges Drehen nach innen) könnte hier weiterhelfen. Andere sprechen von einem Plasma (elektrisch leitendes Gas). Plasma (superheiße Luft) ist sogar ein Supraleiter, d. h. widerstandslos für den elektrischen Strom. Möglicherweise wird durch BG Plasma erzeugt, welches den Verbrennungsprozess ($2 \cdot H + 2 \cdot O_2 = 2 \cdot H_2O$, also Wasser) aufheizt, d. h. auf ein höheres Energieniveau bringt.

Eigenschaften von Browns Gas

Die einzigartigen Eigenschaften von Browns Gas sind:

- „Flexibel reagierende“ , z. T. sehr hohe Flammentemperatur (je nach Einsatzgebiet und Stoff) – im Leerlauf brennt die Flamme mit nicht mehr als 138° C (dies ist ein besonderer Punkt, der besonders hohe Energie verspricht, wenn man ihn mit der Global-Scaling-Methode untersucht).
- problemlose Handhabung des Schweißflamme und des Brenners (engl. torch) auch für weniger Geübte
- das Überflüssigmachen von Druckflaschenspeicherung wegen der Gasproduktion an Ort und Stelle (engl. on demand)
- der wesentlich höhere Brennwert (das Fünffache von Benzin und Diesel)
- ein Gas, das sogar das sehr widerstandsfähige Wolfram (engl. tungsten) zum Sublimieren (Übergang von fest nach gasförmig) bringt
- mit dem unterschiedlichste Materialien verschweißt werden können (z. B. Stein und Eisen (Stahl), Gußeisen und Aluminium, Glas und Kupfer, Quarz und Gold u. a.
- das eine sehr hohe Flammen-Ausbreitungsgeschwindigkeit besitzt, viel höher als die einer Azetylenflamme oder einer Kraftstoff-Luft-Gemisch-Flamme im Motor
- Dadurch entstehen auch die Reinigungseffekte an inneren Motorablagerungen sowie das fast saubere Abgas. Das liegt daran, daß die langen Kohlenwasserstoff-Kettenmoleküle aufgebrochen werden, so daß deren Bruchstücke einer optimalen Verbrennung unterworfen sind.
- Bei reinem Browns Gas bleibt als Verbrennungsprodukt das über, was vorher das Ausgangsprodukt war, nämlich Wasser.

Plasmagase leuchten im Polarlicht

Betrachtet man den Umstand, daß Wasser auf unserem Planeten praktisch unerschöpflich zur Verfügung steht und durch den Browns-Gas-Prozeß auch nicht verbraucht wird (es wird ja nur die atomare Bindungsenergie benötigt), erkennt man schnell, daß mit diesem technischen Projekt zwar der Menschheit geholfen würde, aber durch den drastischen Absatzrückgang fossiler Brennstoffe – den man ja angeblich wünscht – den davon lebenden Industrien ein beträchtlicher Nachteil erwachsen würde.

Wird die Browns-Gas-Forschung vielleicht deshalb nicht gefördert?

Alle Politiker, die sich inzwischen weltweit dem sogenannten, jedoch sehr kontrovers diskutierten „Klimaschutz" verschrieben haben, würden sich selbst ebenso lächerlich wie unglaubwürdig machen, wenn sie auf die Entwicklung der Browns-Gas-Technik verzichteten, denn soviel ist inzwischen klar:
Browns Gas ist ein hervorragendes Mittel, um Brennstoffe nachhaltig einzusparen oder eines Tages sogar ganz zu ersetzen.

Die Einsatzfelder von Browns Gas sind damit natürlich noch längst nicht erschöpft. Als universeller „Wasser-Brennstoff", der überall unbegrenzt zur Verfügung steht, kann es überall dort zur Anwendung kommen, wo jetzt noch herkömmliche Brennstoffe aus der Erdölchemie benutzt werden, also im Bereich von Heizung und Kühlung, als Prozeßwärmequelle in industriellen Anwendungen oder bei Notstromaggregaten in abgelegenen Gebieten oder in Katastrophenfällen.

Ein bisher gänzlich neuer Bereich ist die **Transmutation**, das Unschädlichmachen von nuklearen Abfällen, das ebenfalls mit Browns Gas vorgenommen werden kann. Dabei handelt es sich um verschiedene Verfahren, die die radioaktive Strahlung diverser strahlender Isotopen reduzieren oder ganz beseitigen und die noch in der Weiterentwicklung sind. Anlagen in Japan und China sollen erfolgreich arbeiten.

Und wenn man die folgende Beschreibung liest, wird einem schnell klar, daß die Natur selbst es ist, die in unserem Körper seit langem eine Art Browns Gas anwendet:

In den Mitochondrien lebender Zellen kommt es bei der Endoxidation im Komplex IV in der Atmungskette zu einer der Knallgas-Reaktion analogen, aber strikt kontrollierten exergonen Reaktion (biologische Knallgasreaktion), die der **Energiegewinnung der lebenden Zelle**, d. h. der Bildung von ATP (Adenosin-Triphosphat)-Molekülen dient. ATP ist der Energielieferant der lebenden Zelle.

Kapitel 2

Die historische Entwicklung von der Wasserstoffverbrennung zum Browns Gas

Kurze Geschichte des Browns Gas bis 1975

1766
Der englische Forscher Henry Cavendish entdeckt die „brennbare Luft“, wie er den Wasserstoff nannte. Wasserstoff war zu jener Zeit noch nicht bekannt. In einer Abhandlung beschreibt er dessen Eigenschaften, u. a. daß bei Verbrennung Wasser daraus wird.

1776
Der Holländer Martinus van Marum experimentiert mit Elektrizität und führt dabei auch die Elektrolyse von Wasser aus. Das dabei entstehende Gas (also Wasserstoff) zündet er durch einen elektrischen Funken, der mit Luftsauerstoff zur Explosion führt.

1778/83
Der Franzose Lavoisier, ein Adliger aus Paris und eine Größe nicht nur in der historischen Chemie, sondern auch in anderen Wissensgebieten, stellt als erster das Gesetz von der Erhaltung der Masse auf und bestimmt die Gase Sauerstoff und Wasserstoff.

1789
Die Holländer van Troostwijk und Deiman weisen nach, daß in jedem Wassermolekül je zwei Teile Wasserstoff und ein Teil Sauerstoff enthalten sind. Auch sie spalten dazu Wasser in seine Bestandteile und entzünden das Gasgemisch. Sie bestimmen auch das genaue Molvolumen der Gase.

1826
Drummond entdeckt das „Drummond-Licht", das später auch als „Limelight" bezeichnet wird. Dabei wird eine Browns-Gas-Flamme (Oxyhydrogen) auf einen Zylinder aus Kalziumoxid gerichtet und bringt diesen zur Weißglut, ohne daß er schmilzt.

1860
Der Belgier Jean Lenoir baut das erste Fahrzeug, daß durch Bord-Elektrolyse seinen eigenen Wasserstoff erzeugt, damals schon durch eine Batterie gespeist.

1918
Charles Frazer läßt in den USA den ersten Hydrogen-Booster (Wasserstoff-Generator) für Verbrennungsmaschinen patentieren. Dabei bringt er zum Ausdruck, daß dieser Generator die Wirksamkeit des Verbrennungsmotors erhöht, eine vollständige Verbrennung der Kohlenwasserstoffe (Benzin) erreicht, daß „schlechterer" Kraftstoff (Oktanzahl) ohne Energieverluste zugeführt werden kann und der Motor innen sauber bleibt (keine Ablagerungen wie Ölkohle u. ä.).

1935
Der Erfinder Henry Garett läßt einen elektrolytischen Vergaser patentieren und ein Auto mit reinem Wasser laufen.

1962
Der Amerikaner William A. Rhodes entdeckt als erster das gemeinsam in einem Rohr abgeleitete Gasgemisch, daß nun Browns Gas genannt wird, und läßt das Verfahren patentieren. Die von ihm mit Partnern gegründete Firma Henes Corp. übernahm seine Idee, trennte sich aber von ihm, ohne bereits die vollständige, optimierte Erfindung zu besitzen. Dadurch gab es Existenzschwierigkeiten, die zum Weiterverkauf der Firma an verschiedene Nachfolger führte, bis sie dann von McMurray übernommen wurde.
Heute ist deren Firmensitz in Phönix/Arizona.

1974
11 Jahre später erfindet der Bulgare und spätere Australier Yull Brown (Ilya Velkov) ein Elektrolysegerät, den „Brown's Gas Elektrolyzer", den er in Australien und den USA patentieren läßt. In den darauffolgenden Jahrzehnten arbeitet er an dem wirtschaftlichen Erfolg seiner Idee und gewinnt Investoren. 1991 entsteht eine enge Zusammenarbeit mit der südkoreanischen Firma „B.E.S.T. Korea", die zum Zwecke der Weiterentwicklung und dem Erfolg seiner Technik gegründet wird. Heute werden dort seriengefertigte Browns-Gas-Generatoren zum Schweißen, für die Wärmeerzeugung und für andere Einsatzgebiete hergestellt. Der Name „Brown(s) Gas" wurde wegen der langjährigen Verdienste dieses Mannes beibehalten.

Hier wären jetzt weitere Namen zu nennen wie Puharich, Pantone u. a., die mit oder über Browns Gas geforscht haben. Siehe unten.

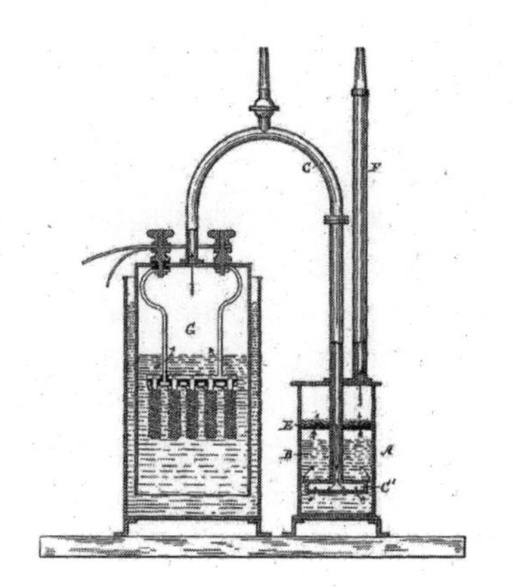

Kapitel 3

Die bekanntesten Forscher der Energie aus Wasserspaltung

„Das Wasser ist die Kohle der Zukunft. Die Energie von morgen ist Wasser, das durch elektrischen Strom zerlegt worden ist. Die so zerlegten Elemente des Wassers, Wasserstoff und Sauerstoff, werden auf unabsehbare Zeit hinaus die Energieversorgung der Erde sichern." (Jules Verne, 1870)

Wir wollen uns nun näher mit den Experimenten und Forschungen der Männer beschäftigen, die sich um das Thema „Browns Gas" verdient gemacht haben, zumal diese immer sogenannte Außenseiter waren, die zwar fachliche oder auch regelrechte Universitätsausbildungen besaßen, dennoch aber eigene Wege gegangen sind. Anerkennung wurde ihnen deshalb aus den schon genannten Gründen nur wenig oder gar nicht zuteil. Wir hoffen, mit diesem Buch erstmals die Möglichkeit zu eröffnen, daß dies anders wird.

Wenn wir den herrschenden Energiekartellen nicht klar mitteilen: Hier ist eine neue Technologie, die wir einzuführen beabsichtigen, und wir berufen uns dabei auf die Freiheit der Wissenschaft, nicht der Schulwissenschaft wohlgemerkt, wenn wir dies tun und es bekannt machen, dann werden diese Altkartelle nicht umhin können, es zu akzeptieren. Dazu muß wohl eine neue Generation von selbständig denkenden, nicht in erster Linie am materialistischen Profit sich orientierenden und von herkömmlichen Banken unabhängigen Unternehmern entstehen, die bereit und in der Lage ist, das neu Gefundene auch praktisch wirtschaftlich umzusetzen.

Eines jedoch muß klar sein: Browns Gas darf nicht dazu mißbraucht werden, nach kapital-egoistischer Manier als Wegwerfprodukt

verantwortungsloser Börsencowboys in deren Wettspielhallen zu verschwinden.
Beginnen wir nun mit einer kurios wirkenden frühen Meldung aus dem Jahre 1944 (aus www.wasserauto.de).

Magie mit Magneten

Popular Science – Juni, 1944

Von Alden P. Armagnac

„Kann ein Magnet Wasser zerteilen? Physiklehrbücher sagen: Nein! Ja! sagt Prof. Felix Ehrenhaft, früherer Direktor des Physikalischen Instituts an der Universität von Wien. Er setzt seine Forschung jetzt in New York weiter fort. Wenn es sich herausstellen sollte, daß er richtig liegt, versprechen seine Befunde im Reich des Magnetismus praktische Anwendungen, so weitreichend, wie die Dynamos, Motoren und Transformatoren. Ebenso wie Telefone und Radio, die auf Faradays Grundlagenforschungen in Elektrizität beruhen.

Für seinen „unmöglichen" Versuch benutzt Dr. Ehrenhaft das einfachste Gerät. Zwei glänzende Stäbe aus reinem schwedischen Eisen, eingeschweißt in Löcher in beiden Enden einer U-förmigen Röhre, ähnlich einem Versuchsaufbau von Schülern für die Spaltung von Wasser in Wasserstoff- und Sauerstoffgase durch Elektrizität. Und das ist genau das, was geschah, wenn Dr. Ehrenhaft elektrische Leitungen einer Batterie an die Stäbe anschloß. Aber er macht etwas ganz anderes.

Er verwendet die Stäbe als Polstücke, oder „Nord-" und „Südenden" eines Magneten – entweder eines Elektromagneten oder eines Permanent-Magneten. Blasen von Gas steigen durch die beiden Röhren des säureversetzten Wassers auf und werden gesammelt und analysiert. Wie man vermuten könnte, ist beinahe alles Gas, Wasserstoff, freigesetzt durch eine alltägliche chemische Interaktion zwischen den Eisenstäben und der einprozentigen Schwefelsäure im Wasser. Aber der erstaunliche Teil des Versuchs ist, daß auch Sauerstoff aufsteigt, wie Dr. Ehrenhaft vor kurzem der amerikanischen Gesellschaft für Physik mitteilte. Um genau zu sein, wurde er in eindeutig meßbaren Mengen gefunden, die von zwei bis zwölf Prozent des totalen Gasvolumens rangieren. Wenn die mittels eines Permanentmagneten erhaltenen Gase getrennt werden, wird der größere Anteil des Sauerstoffs über dem Nordpol des Magneten gefunden. Aufgrund der Anwendung strikter Vorsichtsmaßnahmen, einschließlich der Kurzschließung der Magnetpole mit Draht, so daß die Pole dasselbe elektrische Potential haben, schließt Dr. Ehrenhaft, daß es nur eine Stelle gibt, aus der der Sauerstoff möglicherweise kommen kann. Und das ist Wasser – mit einem Magneten zerlegt! Ohne einen Magneten wird nur reiner Wasserstoff freigesetzt."

Dies klingt einigermaßen abenteuerlich, dennoch kann man es nicht einfach abstreiten. Es führen viele Wege nach Rom, heißt es, und im folgenden werden wir diesen Spruch bestätigt finden.

Yull Brown (1922-1998)

Yull Brown

Der Name Browngas, Brown's Gas oder auch Brownsches Gas geht auf den in Bulgarien geborenen Forscher Yull Brown zurück.

Wer war dieser Mann? Schauen wir uns eine Zeitungsmeldung aus der australischen Metropole Sydney an:

(aus: http://merlib.org)

Sunday Telegraph (January 16, 1977) Yull Brown: „Brown's Gas“

A Sydney inventor has refused a giant American oil company's offer to buy out his method of turning tap water into fuel.

The offer is one of more than a dozen Mr. Yull Brown, of Auburn, has received.

Mr Brown's invention allows oxygen and hydrogen extracted from ordinary tap water to be used safely for almost any type of burning fuel.

He envisages the day when cars, stoves, heating and most of industry can be run on water or the gas extracted from it.

Auf Deutsch:

„Yull Brown: Brown's Gas

Ein Erfinder aus Sydney hat es abgelehnt, einer gigantischen amerikanischen Ölgesellschaft seine Methode der Umwandlung von Leitungswasser in Brennstoff zu verkaufen. Das Angebot war nur eines von mehr als einem Dutzend, das Yull Brown aus Auburn erhielt. Mr. Browns Erfindung ermöglicht es, Sauerstoff und Wasserstoff aus normalem Leitungswasser zu gewinnen und diese für fast alle Arten von Brennstoffanwendungen sicher zu verwenden. Er sieht den Tag nicht mehr allzu fern, an dem Autos, Öfen, Heizungen und die meisten industriellen Prozesse mit Wasser oder dem daraus gewonnenen Gas betrieben werden können.“

Wie hatte das alles angefangen?

Brown wurde 1922 unter dem Namen **Ilya Velbov** geboren. Folgt man den Angaben Wisemans in seinem ersten Buch über Browns Gas, wurde Velbov erstmals vor Beginn des Zweiten Weltkriegs durch eine Bibelstelle, in der der Weltuntergang beschrieben wird, auf das Thema des brennenden Wassers aufmerksam. Kurze Zeit später habe er in Jules Vernes Buch „Die geheimnisvolle Insel“ eine Stelle gefunden, wo ein Ingenieur erklärt, wie man nach dem Ende des Kohlezeitalters Energie durch die Spaltung des Wassers in seine Bestandteile Wasserstoff und Sauerstoff gewinnt. Dieser Gedanke habe Velbov auch noch beschäftigt, als er bereits ein Studium zum Elektroingenieur machte. Nachdem er von einer Kommunistin denunziert worden war und anschließend für sechs Jahre in einem sowjetischen Straflager leben mußte, sei er anschließend an die Türkei ausgeliefert worden. Hier habe er als mutmaßlicher Spion weitere fünf Jahre hinter Gittern gesessen. Schließlich sei es ihm 1957 mit Hilfe eines Geheimdienstes gelungen, nach Australien auszuwandern.

Endlich war Velbov ein freier Mann, gab sich einen neuen Namen – Yull Brown – und fing an, als Elektroingenieur zu arbeiten. Nach zehnjähriger Tätigkeit übermannte ihn sein schon lange schlummernder Erfindergeist, und er machte sich selbständig. Fortan wollte er sich ganz der Elektrolyseforschung widmen und effektive Methoden der Hydrolyse sowie ihre Anwendungsmöglichkeiten finden. Er arbeitete in einer kleinen privaten Werkstatt in einem der weiter vom Zentrum entfernt liegenden ruhigen Vororte von Sydney. Im Jahre 1972 entwarf er sein eigenes theoretisches Konzept für die Wasserelektrolyse und fing an, in dieser Richtung zu experimentieren. Nach jahrelangen Versuchsreihen gelang es ihm, einen normalen Verbrennungsmotor mit Browns Gas zu betreiben.
So etwas sprach sich in Sydney und in ganz Australien schnell herum. Ein Mann, der seinen Autotank mit einem Gartenschlauch

füllte, wie es im Fernsehen zu sehen war, der den abgekühlten Dampf aus dem Auspuff als Getränk verwendete und behauptete, daß man mit 4 Litern Wasser 1000 Kilometer weit fahren könne, das war schon etwas schier Unglaubliches. Bei einer weiteren Demonstration bewies Brown vor der Öffentlichkeit, daß sein Gas tatsächlich nicht explodiert, sondern implodiert. Dazu wurde ein Stahlbehälter mit Wasser gefüllt und dieses Wasser anschließend durch Einleiten von Browns Gas hinausgedrückt. Durch einen Schlauch lief es in einen weiteren, durchsichtigen Behälter. Durchsichtig deshalb, damit man den Effekt verfolgen konnte. Was passierte dann? Brown entzündete das im Stahlbehälter befindliche Gas (wahrscheinlich elektrisch durch einen im Behälter angebrachten Glühdraht) und einige Leute begannen, sich vorsichtshalber die Ohren zuzuhalten. Aber außer einem hellen „Ping“ (das dafür typische Geräusch) passierte nichts, oder doch? Plötzlich strömte das in dem durchsichtigen Behälter befindliche Wasser zurück in den Stahlcontainer. Die Erklärung ist ebenso einfach wie verblüffend: In dem Moment, wo das Gas entzündet wird, implodiert es und erzeugt dadurch ein fast vollständiges Vakuum. Nicht ganz vollständig, da die Relation ja 1866 zu 1 beträgt. Nehmen wir an, es wären vorher genau 1866 Liter Gas im Behälter gewesen, dann wäre nach der Implosion daraus jetzt 1 Liter Wasser geworden. Dieser eine Liter würde natürlich beim Rücklauf des gesamten übrigen Wassers nur einen geringen Raumanteil ausmachen.

Browns Elektrolysegerät (Rückwand)

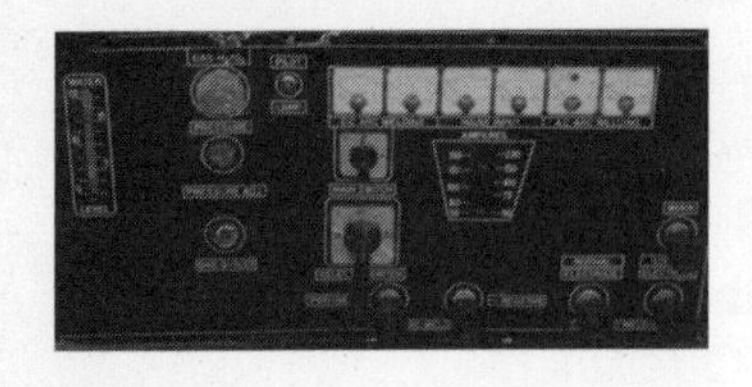

(Front)

Praktische Anwendungen fand Brown vor allem im Bereich der Schweißtechnik. Im Jahre 1974 reichte er seine ersten Patente ein. 1991 kam er mit Andrew Coker (BG Aquapower) aus England zusammen, der von ihm begeistert war. 1992 stieß die südkoreanische Firma **B.E.S.T. Korea** (www.browngas.com) auf seine Entdeckungen, und es kam zu einer fruchtbaren Zusammenarbeit.
Deren Chef Kim Sang Nam suchte Brown in seinem Labor auf, erkannte die völlig neuen Eigenschaften des Gases wie Implosion und thermonukleare Reaktion, und gemeinsam verwirklichten sie eine neue innovative Technologie im Bereich des Schweißens, Trennschweißens, des Hartlötens und anderer Anwendungen im Bereich des Browns Gases. Gleichzeitig gründete Chairman Kim Sang Nam seine Firma „B.E.S.T. Korea" (Brown Energy System Technology).

Yull Brown ging mit seinen 69 Jahren vollkommen in seiner Forschung auf, produzierte oder verkaufte aber keinerlei Produkte. Deshalb kam es der Urbarmachung eines unbestellten Stücks Land gleich, eine Produktionsfirma mit Browns-Gas-Generatoren aufzumachen. Außerdem befand sich die Elektrolysetechnik zu jener Zeit auf einem Entwicklungsstand, der nur den Betrieb großer, stationärer Geräte erlaubte. Die Leute glaubten einfach an die herrschende Meinung, daß eine Elektrolyse sehr viel Strom verbrauche und sie deshalb unwirtschaftlich sei. Grundsätzlich konnte man zwar eine Elektrolyse zustande bringen, aber darüber machte sich niemand Gedanken, weil der Gasausstoß zu klein war, um länger damit arbeiten zu können.

Diese Probleme mußten zu überwinden sein, dachten sich Brown und auch Kim Sang Nam. Dieser machte sich eiligst daran, einen hochwirksamen Gasgenerator zu entwickeln. Dazu war es vor allem nötig, eine Elektrolysezelle mit einer neuen Technologie zu

konstruieren. Nach einer Forschungsarbeit von drei Jahren war Kim Sang Nam soweit. Eine hocheffiziente Elektrolysezelle war entwickelt.
Nun waren Verbesserungen und Neuentwicklungen nur noch eine Frage der Zeit.

Weitere Browns-Gas-Geräte von BEST Korea sind im Kapitel 10 beschrieben.

Am 22. Mai 1998 verstarb Yull Brown im Westmead Krankenhaus in Auburn. Für seine Entdeckungen erhielt er mehrere australische und eine Reihe von US-amerikanischen Patenten.

Laut anderen, uns weniger glaubwürdig erscheinenden Quellen hatte Brown mit chinesischen Interessenten Kontakt aufgenommen, seine Technik dort vermarkten lassen und war dann krank und resigniert nach Australien zurückgekehrt, nachdem ein Amerikaner, der gut mit den chinesischen Firmen stand, nun die chinesische Browns-Gas-Technik in den USA vermarktete.

Brown hat sich jedenfalls 27 lange Jahre mit den atomaren Strukturen von Wasser auseinandergesetzt. Er hat mit der Spaltung von Wasser in dessen Bestandteile Wasserstoff und Sauerstoff experimentiert und dabei festgestellt, daß es viele verschiedene Variationen in der Atomstruktur bei den verschiedenen Formen von Wasser gibt. Das hängt davon ab, wie die drei Wasserstoffisotopen (1H = Protium, 2H = Deuterium, 3H = Tritium), die sich zu sechs verschiedenen Kombinationen von Wasserstoff und sechs Sauerstoffisotopen kombinieren, miteinander gemischt sind (8014, 8015, 8016, 8017, 8018, 8019).

Praktisch ergeben sich daraus 36 Wassertypen, 18 stabile und 18 kurzlebige. In seiner Patentschrift sagt Brown, nachdem wir diese kennen, könnten wir auch 36 Arten von Browns Gas herstellen

und durch spezielle Gasmodifikationen sogar noch viel mehr. Zur Zeit werden nur einige davon erforscht.
Browns Studien haben ergeben, daß das anormale Verhalten von Wasser von seiner Fähigkeit abhängt, energetische und physikalisch-chemische Formen der verschiedenen Abarten der Wasserstoff- und Sauerstoffisotopen zu bilden. Wie hinlänglich bekannt ist, variieren die Zerfallszeiten und thermischen Querschnitte des Einfangens von Neutronen zwischen diesen Isotopen. Brown hatte auch erkannt, daß die verschiedenen Gasformen sehr unterschiedliche Wirkungen zeigen. Er fand außerdem heraus, daß man eine Anzahl von passenden Gemischen herstellen und diese für eine Technik des Dekontaminierens nuklearer Abfälle benutzen kann.

Yull Browns US-Patent 4,081,656

Die Erfindung trägt die Bezeichnung „Arc-Assisted Oxy-Hydrogen Welding" und wurde Brown am 28. März 1978 gewährt.
Hier fassen wir das Wichtigste aus Browns Patentschrift zusammen.

Die vorliegende Erfindung bezieht sich auf die Bereiche „Schweißen, Hartlöten oder Vergleichbares" und verwendet dabei ein Gemisch von Wasserstoff und Sauerstoff, das in grundsätzlich stöchiometrischen Proportionen in einer elektrolytischen Zelle durch elektrolytische Dissoziation (Trennung) erzeugt wird. Das so erhaltene Gemisch gelangt aus dem Generator durch ein Flammenrückschlagventil zum Brenner, wo die Gase entzündet werden.

Die Erfindung bezieht sich auch auf atomares Schweißen, bei dem das oben erwähnte Gasgemisch einen Lichtbogen passiert, der beide Gase Wasserstoff und Sauerstoff in ihre *atomare* Form zerlegt, wodurch bei erneuter gegenseitiger Verbindung – der Oxidation – eine sehr heiße Flamme erzeugt wird.

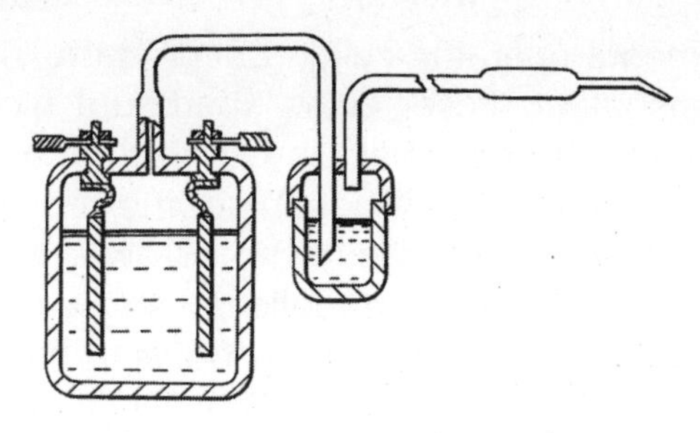

Browns Elektrolysezelle (links) mit Bubbler (Rückschlag-Verhinderer)

Außer den oben genannten Anwendungen betrifft die Erfindung auch Oxygen-Schweißen, Oxygen-Schneidbrennen, atomares Schweißen oder Schneidbrennen in Verbindung mit Lichtbogentechniken.

Die wichtigste Anwendung der Erfindung ist das atomare Schweißen, das atomaren Wasserstoff und Sauerstoff verwendet oder das Schneidbrennen nur mit atomarem Sauerstoff. Der Vorteil beim Schneidbrennen mit atomarem Sauerstoff, der ja in Form des Lichtbogens mit beträchtlichem Energieaufwand gewonnen wird, ist die Erzeugung wesentlich höherer Temperaturen, als man sie zuvor von der atomaren Wasserstoffflamme kannte.

Folgende Gleichungen veranschaulichen die Bedeutung der aufgenommenen Energie, wenn die Gase durch einen Lichtbogen strömen:

H_2 -> H + H absorbiert 101 kcal pro Gramm Molgewicht.
O_2 -> O + O absorbiert 117 kcal pro Gramm Molgewicht.
Zusammen ergibt das 218 kcal pro Gramm Molgewicht.

Bei dem erneuten Zusammenschluß beider Atome *(in der Verbrennung)* wird diese Energie durch eine Anzahl komplexer chemischer Reaktionen wieder frei, was sich in der extrem

hohen Flammentemperatur zeigt. Zuvor hatte man es wegen der Explosionsgefahr dieser Gase überhaupt nicht für möglich gehalten, Sauerstoff oder aber ein Gemisch von Sauerstoff und Wasserstoff durch einen Lichtbogen strömen zu lassen.
Mit der vorgelegten Erfindung, so Brown, sei das jedoch sehr wohl möglich und ermögliche so wesentlich höhere Flammentemperaturen, als sie bisher bekannt waren.

Ein weiteres Ziel dieser Erfindung war es, eine Methode zu entwickeln, bei der Wasserstoff und Sauerstoff schnell und bequem *am Einsatzort* hergestellt werden können, so daß viele Nachteile der konventionellen Schweißpraxis damit entfallen.
Brown erläutert hier die bekannte umständliche Prozedur des Gasflaschen-Tauschens, der Lagerung und des Transportes.

Ein Nachteil, der mit der bisherigen Oxygen-Hydrogen-Schweißtechnik verbunden war, ist die hohe Absorbierbarkeit von Wasserstoff durch die meisten Metalle. Es darf kein zu hoher Wasserstoffanteil beim Schweißen auftreten, sonst würde die Schweißnaht nicht hart genug und der Stahl an der Stelle spröde werden. Außerdem kann zuviel Wasserstoff auch zum Verbrennen des Metalls führen. Deshalb ist es sehr wichtig, daß eine ausgeglichene Flamme eingestellt wird, in der sich nicht zuviel Wasserstoff und nicht zuviel Sauerstoff befinden. In der Praxis ist dies sehr schwierig und auch nicht an der Flammenfarbe ablesbar. Deswegen ist dieses Schweißverfahren nicht sehr weit verbreitet, obwohl es bei niedrigen Kosten eine hohe Schweißtemperatur garantiert.

Durch die vorgestellte Erfindung kann man aber diesem sowie auch anderen Nachteilen aus dem Wege gehen. Nun ist es möglich, Wasserstoff und Sauerstoff in einer Elektrolysezelle gleichzeitig zu erzeugen. Beide Gase mischen sich von allein in einem stöchiometrischen Verhältnis und verbrennen anschließend in einer neutralen, das heißt, anteilsmäßig ausgeglichenen Flamme.

Die vorgestellte Methode erfordert keine Membranen, Diaphragmen o. ä., um Wasserstoff und Sauerstoff voneinander zu trennen. Deswegen ist sie den herkömmlichen Methoden überlegen. Solche Diaphragmen wurden bei konventionellen Generatoren als unumgänglich angesehen, um dadurch der Explosionsgefahr vorzubeugen, die von einer Vermischung beider Gase ausging. Bei der Entwicklung des vorgestellten Konzeptes aber wurde deutlich, daß die Gase sicher und zweckmäßig als Gemisch für eine anschließende Verbrennung erzeugt werden können, wenn man nur passende Sicherheitsvorkehrungen trifft. Diese bestehen z. B. darin, daß man ein Flammenrückschlagventil vorsieht. Wenn nun keine Diaphragmen mehr nötig sind, können dadurch auch die Elektroden in viel engerem Abstand angeordnet werden. Dabei wird gleichzeitig auch der hohe elektrische Widerstand eines Diaphragmas umgangen, so daß eine viel höhere Rate bei der Gasgewinnung erreicht wird.

Daraus ergibt sich, daß mit dieser Erfindung nun ein kompaktes Gerät geschaffen werden kann, das in vielen Bereichen des Schweißens einsetzbar ist. Dies ist mit herkömmlichen Ausrüstungen nicht möglich. In seiner einfachsten Form besteht das Gerät aus einer elektrolytischen Zelle, die mit einer äußeren Energiequelle verbunden wird. Dies kann z. B. ein passender Transformator mit Gleichrichter sein. Dann ist nur noch der Brenner anzuschließen, möglichst unter Zwischenschaltung eines Flammenrückschlagventils. Einige zusätzliche Drahtwindungen auf dem Transformator können für weitere Zwecke vorgesehen werden, z. B. zum Batterieladen, Galvanisieren, elektrischen Schweißen oder für einen Lichtbogen zum atomaren Schweißen.

Brown betont, daß die beschriebene Erfindung nur für kleine Schweiß- oder Hartlötarbeiten ausreicht, man damit aber keine Gasmengen für größere Schweißflammen bereitstellen kann, ohne durch diese riesigen Ströme Probleme mit den Zuleitungen und dem Transformator zu bekommen. Deshalb schlägt er vor,

eine Vielzahl von Elektrolysezellen hintereinander zu schalten, um dadurch den entsprechend großen Gasausstoß bei gleichbleibender Stromstärke zu bekommen. Die Gasmenge ist dabei proportional zu der Anzahl der verwendeten Zellen. (*Dabei ist natürlich die Spannung um den Faktor der Anzahl der Zellen zu erhöhen; d. V.)*
Um Platz zu sparen, wird empfohlen, keine Einzel*zellen* hintereinander zu schalten, sondern einfach eine Anzahl hintereinander geschalteter Elektroden(paare) in einer gemeinsamen Zelle vorzusehen.

Brown empfiehlt sogar, den Transformator wegzulassen, um Gewicht zu sparen. Bei entsprechender Anzahl der Zellen ist dies möglich, wenn die erforderliche Elektrolysespannung auch der Spannung des Stromnetzes entspricht. Dies ruft jedoch die Gefahr von Stromschlägen hervor, wenn das Gerät keine galvanische Trennung vom Stromnetz besitzt(!). Nach europäischen Elektrogerätestandards wäre dies deshalb unzulässig; d. V.

William A. Rhodes

(aus: http://www.pureenergysystems.com)

Aus einem im Juli 2004 aktualisierten Dokument von Dr. William A. Rhodes, einem Physiker aus Arizona, fassen wir zusammen:

Gemeinsam ausgeleitetes elektrolytisches Oxyhydrogen

Der Leser mag sich wundern, warum ich drei Jahrzehnte gewartet habe, bevor ich wieder Interesse daran bekam, einigen noch ungeklärten Fragen dieses Systems nachzugehen. Ein Internet-Freund hatte die zweite Patentnummer unter meinem Namen entdeckt und teilte mir mit, daß inzwischen jemand anders eine neue Version dieses Konzeptes hatte patentieren lassen und damit die Entdeckung eines neuen Gases für sich beanspruchte. Die

Nachprüfung ergab, daß dessen Anspruch nicht gültig sein konnte, da mein eigenes erstes Patent schon 11 Jahre vorher angemeldet wurde. Das konnte ich also nicht akzeptieren. Schließlich kam ich zu der Auffassung, ob wohl der zweite Mann auf dem Mond mit einem abweichenden Anspruch der erste sein wollte.

Und so begannen meine Nachforschungen, die hier vorgelegt werden. Die Antworten sind keineswegs schlüssig, führen aber zu einem besseren Verständnis einer sehr komplizierten Reaktion. Falls Referenzen gefunden werden sollten, die meinem Patent zeitlich vorangehen, dann werde ich natürlich nachgeben.

Atomares elektrolytisches Oxyhydrogen

Dieses Konzept wurde 1961 entdeckt, als ein Hersteller anfragte, der nach neuen Möglichkeiten suchte, Flammen von Schweißbrennern mit Temperaturen über denjenigen zu erzeugen, die in dieser Epoche bekannt waren. Ein solches System wurde erdacht und entwickelt, in dem man dabei die elektrolytische Herstellung von miteinander vermischtem Wasserstoff und Sauerstoff anwendete. Bis dahin beschäftigte sich die Fachliteratur ausschließlich damit, diese beiden Gase voneinander zu trennen, sie aus dem Elektrolyseapparat herauszuleiten und sie in Tanks zu speichern.

Die Nutzbarmachung von Wasserstoff und Sauerstoff, unmittelbar nach deren Erzeugung gemeinsam abgeleitet, konnte man in der Literatur nicht finden, und somit war dies offensichtlich eine neue Technologie. Das erste Patent (Apparatus For The Electrolytic Production Of Hydrogen And Oxygen For The Safe Consumption patent # 3,262,872 veröffentlicht am 26. Juli 1966) handelte vom Vermischen der Gase in einem Elektrolyseapparat, wo es durch gemeinsame Ausleitung für sofortigen Gebrauch in einem Brenner zur Verfügung steht. Daraus ergaben sich neun verschiedene Patentansprüche. Es hieß dort „ein einziger Auslaß an besagtem Generator, der ein Gemisch von Wasserstoff und

Sauerstoff von dort heranführt...", im Gegensatz zu anderen Elektrolyseapparaten, die eine getrennte Ausleitung für jedes Gas vorsehen.

Das Patent erstreckt sich auch auf den Finanzierungspartner Henes als Miterfinder. Sein Beitrag bestand darin, daß ein kleiner Alkoholzusatztank vorgesehen war, der ein Gemisch für eine Flammenreduzierung zur Verfügung stellte. Das Patent verankerte den Vorrang seiner fachlichen Idee. Nachdem sie 1962 angefangen hatte, verkaufte die Firma Henes Mfg. Company aus Phoenix (AZ) viele Tausende ihrer Markengeräte „Water Welder" (*„Wasser-Schweißgeräte"*) in verschiedenen Größen, was sie bis heute noch unter anderem Namen (AZHydrogen) tut.

Unmittelbar nachdem Rhodes das Unternehmen Henes in Gang gebracht hatte, begann er, wie er schreibt, 1967 einen großformatigen Elektrolyseapparat unter der Bezeichnung „Multicell Oxyhydrogen Generator" (U.S.Patent 3,310,483) zu entwickeln. Er enthielt 60 Eisenplatten, die auf der Sauerstoff erzeugenden Seite vernickelt waren, während sie auf der Wasserstoff-Seite nur aus reinem Eisen bestanden. Dieses Patent bezog sich auf spezielle Vertiefungen, die die Platten locker in einem Plexiglastank von 8"x 8"x ¾" halten. Er hatte vorher schon festgestellt, daß der elektrische Strom an Platten in den üblichen Vertiefungen nicht vorbeigehen konnte. Die Flamme des Brenners in einem solchem Gerät war 20 Zoll (50 cm!) lang und schmolz alles zu blau-weißen Pfützen, z. B. Feuerstein, Keramik und Kohle (unter Argon-Atmosphäre).

Bisher nicht erklärbare Eigenschaften

Rhodes schreibt: Von allen Elementen sollten Wasserstoff und Sauerstoff eigentlich keine Geheimnisse in sich tragen. In diesem Falle aber tun sie es, und das ist sehr unangenehm für uns gewesen. Viele Gasexperten trugen wichtige Kenntnisse dazu bei, in der Hoffnung, daß damit unsere Fragen beantwortet würden. Ihre Vorschläge bezogen sich exakt auf normale Tankgase (*also handelsübliche Gase für die Speicherung in Flaschen; d. V.*), aber dies waren keine Tankgase, und drei größere Probleme blieben bestehen:

1. Die Flammenausbreitung (Brenngeschwindigkeit) war ungewöhnlich hoch.
2. Die Flammentemperatur ist weit höher als die von Tankgasen.
3. Unterstellt man, daß sich die Gase im Moment der Erzeugung miteinander vermischen und in einer gemeinsamen Ableitung für sofortigen Gebrauch zur Verfügung stehen, dann müßten sowohl molekulare als auch atomare Komponenten vorhanden sein. Bis dies durch Experiment und Beobachtung überprüft sein würde, wären Vermutungen und Theorien nicht gültig.

*

All dies war und ist mit den bisher gültigen, offiziellen Theorien nicht erklärbar.
Rhodes kommt zu der Auffassung, daß er Oxyhydrogen mit einer gemeinsamen Ausleitung beider Gasanteile („common duct" oder auch „single ducted" genannt) 11 Jahre vor Brown hat patentieren lassen und er deshalb der Erfinder sei.

Andrija Puharich (1918-1995)

Im Jahre 1947 beendete Puharich sein Studium an der Northwestern University School of Medicine. Er schloß dann seine Assistenzarztausbildung im Permanente Hospital in California ab, wo er sich auf innere Medizin spezialisierte.
Er schrieb viele Bücher, u. a. eine Biografie Uri Gellers, dessen Mentor er war.

Puharich beschäftigte sich auch mit dem brasilianischen Parapsychologen Ze Arigo. Er traf mit dem holländischen Medium Peter Hurkos zusammen und brachte diesen in die USA, um ihn an wissenschaftlichen parapsychologischen Experimenten teilnehmen zu lassen.

Puharich setzte sich für eine rationale Bewertung von Menschen mit paranormalen Fähigkeiten ein und entwickelte dafür wissenschaftliche Methoden. Zwei der bekanntesten der 50 Patente Puharichs waren Apparate, die der akustischen Hörhilfe beim Menschen dienten sowie eine Methode und ein passender Apparat für die Verbesserung der Nerventätigkeit beim Menschen auf Basis der Elektrotherapie.

Darüber hinaus studierte er den Einfluß von ELF-Wellen (*Extreme Low Frequency, Wellen sehr niedriger Frequenz)* auf das menschliche Bewußtsein und entwickelte verschiedene Geräte, die angeblich ELF-Wellen blockieren oder umwandeln, um Schäden abzuwenden.

Außerdem, und das ist für uns hier interessant, erhielt er auch ein Patent zur Spaltung von Wassermolekülen.
Andrija Puharich, er nannte sich später **Henry K. Puharich**, reichte bei der US-Patentbehörde eine Erfindung ein mit dem Titel „Method and Apparatus for Splitting Water Molecules“. Dieses wurde ihm unter der Nr. 4,394,230 am **19. Juli 1983** gewährt.

Darin schlägt er eine Methode der Wasserspaltung vor, die – wie er sagt – den bisher bekannten an Effektivität überlegen ist.
Zentraler Punkt ist dabei ein elektrischer Funktionsgenerator, der ein komplexes Frequenzmuster erzeugt, das passend auf die komplexen Frequenzen der Tetraederform des Wassermoleküls ausgerichtet ist. Den Wirkungsgrad gibt er mit 80 bis 100% (!) an. Über den erzeugten Wasserstoff sagt er, dieser könne als Brennstoff und der erzeugte Sauerstoff als Oxidationsmittel benutzt werden.

Um die Sache mit dem Funktionsgenerator näher zu erläutern, geht Puharich auf die molekularen Strukturen des Wasseratoms ein. In der klassischen quanten-physikalischen Chemie habe das Molekül zwei grundlegende Bindungswinkel *(unter denen die Atome angeordnet sind; d. V.). D*er eine betrage 104°, der andere 109° 28'.

Mit der vorgestellten Apparatur sei es nunmehr möglich, das Wassermolekül elektrisch so zu energetisieren, daß der Bindungswinkel von 104° geometrisch auf 109°28' vergrößert wird, so daß das Molekül eine Tetraederform erhält. Dies wird durch die Beeinflussung mit einer komplexen elektromagnetischen Frequenz aus dem schon erwähnten Funktionsgenerator ermöglicht, die mit dem ebenfalls komplexen Frequenzmuster des tetraederförmigen Wassermoleküls in Resonanz ist. Dadurch würden die Wassermoleküle in ihre Bestandteile Wasserstoff und Sauerstoff zerschmettert. Puharich erwähnt nun die verschiedenen Anwendungsmöglichkeiten für Wasserstoff, auf die wir hier nicht einzugehen brauchen.

Weiterhin entnehmen wir aus einem anderen Beitrag über Puharich (http://www.rexresearch.com) inhaltlich unter der großen Überschrift: „Wasserspaltung durch Wechselstrom-Elektrolyse":

Cutting the Gordian Knot of the Great Energy Bind
(dt., Zerschneiden wir den gordischen Knoten der großen Energiebindung)

In den 1970er Jahren soll Puharich mit seinem Wohnmobil „hundreds of thousands of miles" durch Nordamerika nur mit Wasser als Treibstoff gefahren sein.

Trotz der zu Ende gehenden Ölreserven gibt es Hoffnung, auch weiterhin über genügend Nachschub in Form alternativer Energie zu verfügen. Weitsichtige Wissenschaftler erzählen uns von einem idealen Brennstoff der Zukunft, der so billig wie

Wasser sein wird, ungiftig und erneuerbar, weil er immer wieder zu verwenden, billig zu transportieren und überall auf der Erde erhältlich sein wird.
Kein Zweifel, daß dieser Wunderstoff Wasser ist, ganz gleich ob Süß-, Salz- oder Brackwasser. Sogar als Schnee und Eis kann er verwendet werden. In seine Komponenten aufgespalten, enthält er dreimal soviel Energie wie die gleiche Menge hochqualitativen Benzins. Warum Wasser noch nicht als Brennstoff benutzt wird, liegt an den *hohen Kosten*, ihn mit der zur Verfügung stehenden Technik herzustellen.
(Diese Begründung erscheint uns allerdings nicht glaubhaft; d. V.)

Die zwei entscheidenden Grundgleichungen zu Puharichs Erkentnissen lauten:

H_2O-Elektrolyse + 62,9 kCal -> H_2 + ½ O_2 pro Mol Wasser (1 mol = 18 g)
Dies bedeutet, daß 62,9 kCal elektrischer Energie nötig sind, um Wasser in die Gase Wasserstoff und Sauerstoff zu zerlegen.
H_2 + ½ O_2 -- Katalysator—> H_2O + 76,1 kCal pro Mol Wasser
Dies bedeutet, daß 76,1 kCal Wärme oder Elektrizität frei werden, wenn Wasserstoff und Sauerstoff wieder zu Wasser zusammenkommen.

Man beachte, daß unter idealen Bedingungen mehr Energie frei wird, als zuvor für die Spaltung nötig war. Es ist ja bekannt, daß es unter idealen Bedingungen möglich ist, 20% mehr Energie herauszuholen, als man hineingesteckt hat. Deshalb kann man in einem optimierten Motor (wie z. B. einer Niedertemperatur-Brennstoffzelle) und 100%-iger Wirksamkeit der chemischen Reaktion einen Energieüberschuß herausholen, mit dem der Gebrauch von Wasser als Brennstoff ökonomisch machbar sein würde. *(sic!)*
Mit Hilfe einer neuen thermodynamischen Erfindung, die nicht mit Gleichstrom, sondern mit niederfrequentem und hochfrequentem Wechselstrom arbeitet, ist die Spaltung von

Wasser nicht nur kostengünstig, sondern auch umweltneutral machbar. Dabei ist es gleichgültig, welche Art von Wasser zur Verfügung steht (s. o.). Die Effektivität des Elektrolyse-Prozesses nähert sich unter Laborbedingungen dabei 100% an, und es werden auch keine physikalischen Gesetze dabei verletzt. Der Vorgang ist auch unabhängig von äußeren Bedingungen wie Temperatur- oder Luftdruckunterschieden bei entsprechenden Höhenlagen.

Die entstehenden Wasserstoff- und Sauerstoffbläschen können leicht durch eine passive Membran voneinander getrennt werden, um jeweils reine Fraktionen davon zu erhalten. *Anschließend werden sie wieder zusammengemischt* und mit Hilfe der geringen Aktivierungsenergie eines Katalysators oder Zündfunkens wird Wärme, Dampf oder elektrische Energie gewonnen. Das Endprodukt dieses Vorgangs ist reines Wasser und kann als solches in die Umwelt zurückgeleitet werden, um dort erneut in den Energiekreislauf der Verdunstung, Wolkenbildung und des Kondensierens (Regen) einzugehen und damit einer neuen Energiegewinnung zur Verfügung zu stehen.
(Genauso gut könnte das gewonnene Wasser unmittelbar danach wieder der Elektrolyse zugeführt werden; d. V.)

Dabei erscheint die praktische Anwendung beider Gase in einer Niedertemperatur-Brennstoffzelle mit ihrer direkten Umwandlung vom Gas zur Elektrizität bei Generatoren unterhalb von 5 kW Leistung die wirtschaftlichste zu sein.
Für größere Kraftwerke dagegen sind Dampf- und Gasturbinen die idealen Wärmeerzeuger.

Bei genügend sorgfältiger technischer Entwicklung könnten Kraftfahrzeuge so umgebaut werden, daß sie hauptsächlich mit Wasser als Brennstoff fahren.
Das thermodynamische Gerät für die Elektrolyse besteht aus drei Komponenten. Als erstes wird ein Nieder- und Hochfrequenzgenerator benötigt, der den Wechselstrom zu den

Elektroden leitet. Dabei handelt es sich um eine Trägerwelle (200 Hz bis 100 kHz), die mit Tonfrequenz (20 bis 200 Hz) moduliert ist. Die zweite Komponente ist die eigentliche Elektrolysezelle. Sie besteht aus einem koaxialen Aufbau mit einer hohlen Elektrode im Mittelpunkt, umgeben von einem Stahlzylinder. Dieser stellt die zweite Elektrode dar. Dazwischen befindet sich der Elektrolyt, eine schwach konzentrierte NaCl (Kochsalz)-Lösung von 0.1540 Molal Konzentration, welche ein Strom/Spannungsverhältnis von 0,01870 garantiert. Durch die hohle Mittelelektrode wird Wasser in die Zelle geleitet. Die Mittelelektrode ist durch poröses Keramikmaterial von der umgebenden Zylinderelektrode getrennt. Wird die modulierte Hochfrequenz über die Elektroden in die Elektrolysezelle geleitet, ergibt sich ein Rotationseffekt bei den Protonen innerhalb des (hypothetischen) tetraederförmigen Wassermoleküls. Dieser Effekt kann als Hysterese-Schleife auf dem XY-Diagramm eines Oszilloskopes sichtbar gemacht werden, jedoch nur unter den Bedingungen exakt aufeinander abgestimmter Komponenten und Werte. Bei einer Trägerfrequenz von 600 Hz entsteht im Wassermolekül eine Resonanz und durch die Seitenbänder der amplitudenmodulierten Schwingung wird das Wasser zu einer akustischen Vibration (*Tonschwingung*) angeregt.

Auf die gleiche Art und Weise dieser Tonmodulation einer Trägerwelle werden übrigens bis heute analoge Rundfunksendungen abgestrahlt und in Radioempfängern hörbar gemacht. Man nennt das ebenfalls Amplituden-Modulation; d. V.

Die Bedeutung dieses „Phonon-Effektes“ wurde schon bei früheren Forschungen Puharichs entdeckt, wo es um die elektrische Stimulation des Hörens beim Menschen ging. Puharich gibt an, daß die Elektrolyse-Wechselspannung bei Werten von 2,6 bis 4 Volt liegen sollte, bei 38 bis 25 mA Stromstärke. Das entspricht einer Eingangsleistung von nicht mehr als 100 Milliwatt (mW). Innerhalb von 30 Minuten wurden so 10,8 cm^3 Wasserstoff und 5,4cm^3 Sauerstoff erzeugt. Dies entspricht einem Wirkungsgrad von **91,3%,** wenn man die rechnerisch möglichen Idealwerte von 11,329 cm^3 für Wasserstoff und 5,681 cm^3 für Sauerstoff (= 17,01 cm^3) zu Grunde legt.

Dieses Ergebnis liegt auch im Bereich der oben angegebenen 80 bis 100% Effektivität. Die „Methode Puharich" sollte u. E. nicht mit einem sogenannten sogenannten Overunity-Gerät verwechselt werden, bei der mehr Energie herauskommt, als man zuvor hineingesteckt hat, denn zu Puharichs Erfindung liest man im Internet u. a. auch von 114% Effektivität, was jedoch den im Patent geäußerten Schutzanspruch und den oben wiedergegebenen Ausführungen nicht entspricht.
Würde man auf die weiter oben erwähnte passive Membran zur Gastrennung verzichten, so entstünde aus Puharichs Gerät ein echtes Browns-Gas-Gerät, zumal auch eine unmittelbare Zusammenmischung beider Gaskomponenten hervorgehoben wird. Möglicherweise war das Puharich durchaus bewußt, und er wollte mit der Gastrennung nur den weitverbreiteten Vorurteilen über Browns Gas aus dem Wege gehen; d. V.

Browns Gas mit gepulster Elektrizität

Ein namentlich nicht genannter Autor im Internet schreibt:
„Er (Yull Brown) war einer der ersten, die die außergewöhnlichen Eigenschaften von HHO erkannten und der es auch für den Verbrennungsmotor in einem Kraftfahrzeug benutzte. Professor Brown entdeckte auch, daß relativ kleine Beträge abgestimmter und gepulster Elektrizität, die an den eingetauchten Elektroden wirksam werden, die atomare Bindung des Wassers tausendfach wirksamer aufspalten können als die althergebrachte Methode mit hohen Amperezahlen. Dies verletzt auch keineswegs die existierenden wissenschaftlichen Regeln, denn wenn die Kapazität der Elektroden in einem bestimmten Maß überschritten wird, werden dort große Mengen Energie frei, ähnlich wie man es an einem spannungsüberladenen Elektrolytkondensator beobachten kann, der wie ein Silvesterknaller explodiert.

Der Autor schreibt weiter, daß diese gepulsten und pulsweitenkontrollierten Rechteckschwingungen bei bestimmten Frequenzen eingespeist werden müssen, um bestmögliche Effektivität bei der Elektrolyse zu erreichen. Da dies für einen Laien schwierig, wenn nicht unmöglich ist, haben findige Firmen in den USA (*und anderswo; d. V.*) diese Technik inzwischen in fertige Bausätze installiert, die man nur in das Auto einbauen muß.

Kapitel 4

Weitere Forscher mit US-Patenten

Außer Yull Brown, William Rhodes und Andrija Puharich gibt es noch eine Reihe weiterer Forscher, die US-Patente für ihre Entdeckungen und technischen Entwicklungen angemeldet und diese auch zugeteilt bekommen haben, ob zu Recht oder nicht, sei hier nicht diskutiert.

John Kanzius / Rustum Roy

(http://www.shortnews.de 9/2007)

USA: Forscher machen aus Salzwasser Brennstoff

Wissenschaftler hielten es für einen Trick, als John Kanzius aus Erie verkündete, er habe Salzwasser „entzündet". Aber nun wurden seine Ergebnisse im Labor bestätigt, er hat einen neuen Weg gefunden, brennbaren Wasserstoff aus Salzwasser zu gewinnen. Dr. Rustum Roy, ein Chemiker der Penn State University, hat Kanzius' Versuch erfolgreich wiederholt. Dabei wird Salzwasser Radiowellen bestimmter Frequenz ausgesetzt. Dies läßt die Wassermoleküle auseinanderbrechen, brennbarer Wasserstoff entsteht.

Die Entdeckung war ein Zufall, eigentlich forscht Kanzius in Zusammenarbeit mit mehreren Universitäten nach einer neuen Krebstherapie. Roy bemüht sich nun um Forschungsmittel, um das Potential der Entdeckung als Energiequelle zu erforschen.

Das liest sich wie eine bahnbrechende Neuigkeit. Ist es aber nicht, denn schon 1978 wurde dem Australier Steven Horvath (s. u.) ein US-Patent gewährt, daß sich mit der sogenannten Radiolyse von Wasser beschäftigt; d. V.

Dennoch wollen wir die Entdeckung hier beschreiben, weil wir davon ausgehen, daß der Radioingenieur John Kanzius von Horvaths 30 Jahre zurückliegendem Patent keine Kenntnis besaß und folglich eine eigenständige Erfindung hervorbrachte.

Die Autoren des dreiseitigen Artikels in der Zeitschrift „Material Research Innovations“ (dt., „Neuheiten in der Materialforschung“) betonen schon am Anfang, daß es schon seit einigen Jahrzehnten eine ganze Reihe von Behauptungen gibt, die sich auf mögliche Veränderungen in der Struktur des Wassers unter dem Einfluß elektromagnetischer Felder beziehen.
Sehr vorsichtig – offensichtlich, um die wissenschaftliche Welt nicht zu sehr zu verschrecken – sagen sie, daß *einige erste Beobachtungen* John Kanzius' Entdeckung auf der Grundlage materialwissenschaftlicher Betrachtung im Universitätslabor von Dr. Rustum Roy (Pennsylvania State University) wiederholt worden seien. Hieraus ergäben sich durchaus Aspekte weiteren wissenschaftlichen Interesses. Die Wirkung von Photonen im Radiowellenbereich auf die Struktur und die Spaltung von Wasser eröffnen ihrer Ansicht nach auch weitere Anwendungsmöglichkeiten.

Der vorliegende Bericht entstand, so erfährt man, auf Grund der Tatsache, daß der Senior-Autor (*wer das ist, wird nicht gesagt, wahrscheinlich Rustum Roy; d. V.*) einen YouTube-Film des Fernsehreporters Mike O'Hara im WKYC-TV3 in Cleveland/ Ohio angeschaut hatte, der Kanzius' Entdeckung zeigte, nämlich, daß Seewasser unter der Einwirkung eines polarisierten Strahls elektromagnetischer Wellen auf 13,56 MHz (*die übliche Kurzwellen-Experimentalfrequenz sowie auch die Frequenz vieler RFID-Scanner; d. V.)* entzündet werden kann. Dieser Film zog ein weltweites Interesse sowohl von Laien als auch von Wissenschaftlern und Geschäftsleuten auf sich. Der Senior-Autor besuchte dann Kanzius in seinem Labor in Erie, Pennsylvania, wo er zunächst den im Film gezeigten Vorgang überprüfte, in dem er eine kleine Menge Salzwasser (NaCl-Lösung), das in etwa die Konzentration von Seewasser hatte, in einer sauberen Pyrex-Teströhre ohne Elektroden den Radiowellen aussetzte. Tatsächlich konnte man das in Wasserstoff und Sauerstoff zerfallende Salzwasser mit einem Feuerzeug anzünden, und es brannte, solange noch Wasser vorhanden war. Man einigte sich darauf, den Hochfrequenzsender in das Mikrowellenlabor von Rustum Roy in der Universität zu bringen, um dort einige Experimente zu machen, die Roy sich ausgedacht hatte. Der vorliegende Artikel gibt, wie die Autoren schreiben, die ersten Ergebnisse wieder, die sich lediglich mit den Fakten des Berichtes von Kanzius befassen. Schon zuvor sei die Erzeugung von Wasserstoff und Sauerstoff durch Elektrolyse und Thermolyse beobachtet worden. Auch die Photokatalyse für verschiedene Metalloxide sei für die Wasserspaltung entwickelt worden, mit einem Ertrag von etwa 50%.

Und jetzt kommt etwas Überraschendes.

*Die **wissenschaftlichen** Autoren erwähnen an dieser Stelle tatsächlich die Patente des Wasserauto-Forschers **Stanley Meyer** aus den Jahren 1984 und 1986, der als Pionier in den USA vom Establishment nicht akzeptiert wurde, dem man auch einen Gerichtsprozeß wegen angeblichen Betruges machte und der unter sehr mysteriösen Umständen verstarb; d. V.*

Die Autoren schreiben also...

Meyer hätte schon früher eine Methode eines brennbaren Mischgases aus Wasserstoff und Sauerstoff aus Wasser entwickelt, in welchem Wasser als dielektrisches Medium in einem elektrischen Resonanzkreis zerlegt wird.

Die Methode, mit niedriger Strahlungsenergie (< 1 eV) auf kondensierte Materie einzuwirken, sei schon während der letzten Jahrzehnte studiert worden, die Dokumentationen darüber aber seien nicht schlüssig und knapp.

Hier werden jetzt noch einige andere Forscher und ihre Experimente erwähnt, die wir übergehen können, ebenso wie einen kurzen Kommentar zu den unzureichenden bisherigen wissenschaftlichen Bemühungen auf diesem Feld.

Über die Laborexperimente wird in dem Artikel nun folgendes gesagt.

Die elektrische Leistung des Radio- bzw. Hochfrequenzgenerators (*Senders*) betrug etwa 300 Watt. Man fertigte eine ganze Untersuchungsreihe an, die von Salzkonzentrationen von 0,1% bis 30% reichte. Dabei wurden die feuerfesten Pyrex-Glasröhren jeweils einzeln der Strahlungsquelle ausgesetzt. Mit groben Meßmethoden wurde eine Flammentemperatur von 1800° C gemessen. Die einzelnen Salzlösungen wurden vor und nach dem Beschuß mit Hochfrequenz auf Strukturveränderungen hin mit sichtbarer ultravioletter Spektrophotometrie und mit Raman-Spektrometrie untersucht.

Man stellte bei den Versuchen fest, daß unmittelbar nach Einschalten des Hochfrequenzstrahls das entflammbare Gas zur Verfügung stand. Umgekehrt erlosch die Flamme sofort, wenn der Hochfrequenzstrahl ausgeschaltet wurde.
Auch bei sehr geringen und auch bei nahezu gesättigten Salzkonzentrationen wurde das Gasgemisch produziert, im ersten Fall mit ganz schwacher, im zweiten mit deutlich vergrößerter Flamme. *(Die Flammengröße nimmt also proportional zur gelösten Salzmenge zu; d. V.)*

Weiter schreiben die Autoren, daß „...die Gasausflüsse (*beider Gase)* offensichtlich von denen einer Elektrolyse abweichen, da sie hier ‚in situ‘ (*am Ort des Entstehens*) simultan erfolgen.“

Wie wir schon wissen, ist dies keineswegs neu, sondern dieses simultane Ausströmen fand bereits bei Rhodes und bei Brown statt, als sie ihre Elektrolyse-Experimente durchführten.

Dort nannte man es „common duct“. Da dies offenbar in der wissenschaftlichen Welt bislang nicht bekannt geworden ist, kommen die Autoren des Artikels zu dieser für sie überraschenden Beobachtung; d. V.
Die Autoren schreiben weiter, daß man von daher das Verbrennen dieser ausströmenden Gase *nicht präzise* mit dem Verbrennen molekularen Wasserstoffs an der Luft oder molekularer Oxyhydrogen-Gemische vergleichen sollte.

An dieser Beurteilung ist unschwer die Unsicherheit der Autoren zu erkennen, das neue Phänomen hinsichtlich der Gaszusammensetzung exakt zu definieren. Daran ändert auch der Hinweis auf eine Untersuchung von Brooks und seinen Mitarbeitern nichts, die schon ähnliche Reaktionen von Strahlung auf NaCl-Lösungen beobachtet hatten; d. V.

Das jüngste Protokoll von Experimenten an der Penn State Universität zeigt, wie die Autoren schreiben, nämlich (u. a.) eine substanzielle Veränderung in der Anzahl und Perfektion von NaCl-Kristallen aus NaCl-Lösungen, wenn diese unter Strahlung gesetzt wurde.

Darüber hinaus sei wichtig, daß die sogenannte Raman-Spektralanalyse der Salzlösung vor und nach der Verbrennung bestätigt, daß es substanzielle Strukturveränderungen in der Struktur des Wassers gibt. Diese sollten hier aber nicht weiter diskutiert werden, sondern es sollte nur darauf hingewiesen werden, daß man Verbindungen zu Strahlungseffekten erkennen könne, die bei Experimenten mit Mikrowellen-Photonen der Frequenz 2,45 GHz festgestellt wurden (Rao, Roy und Sedlmayer, 2007).

Die Autoren kommen schließlich zu der Schlußfolgerung, daß polarisierte Hochfrequenzstrahlung von 13,56 MHz bei Lösungen mit NaCl-Konzentrationen zwischen 1% und 30% meßbare Veränderungen in der Struktur dieser Lösungen zeigen und bei ungefährer Zimmertemperatur zur Spaltung der Lösungen in Wasserstoff und Sauerstoff führt. Die Flamme stellt eine

Verbrennungsreaktion eines wahrscheinlich *(!)* innigen Gemischs von Wasserstoff und Sauerstoff *und der umgebenden Luft* dar.

Die Formulierung „...und der umgebenden Luft..." zeigt wieder die Unsicherheit. Man scheut sich zu sagen, daß der Wasserstoff mit seinem „eigenen" Sauerstoff verbrennt und die umgebende Luft dazu gar nicht benötigt, oder man weiß es einfach noch nicht.
Fazit: Durch die Radiolyse wurde Browns Gas erzeugt, aber man (er)kannte es nicht; d.V.

Charles H. Frazer

Schon am **9. April 1918** – also lange vor allen anderen Oxy-Hydrogen-Patenten – wurde dem US-Amerikaner Charles H. Frazer aus Columbus (Ohio) ein Patent gewährt (1,262,034) – der Hydro-Oxygen-Generator.

Frazer erklärt darin, daß er gewisse neue und nützliche Verbesserungen an Hydro-Oxygen-Generatoren erfunden habe.
Die Erfindung sei für Verbrennungsmotoren gedacht, um den Wirkungsgrad von Verbrennungsmaschinen zu erhöhen, in dem eine zusätzliche Menge von Sauerstoff zur Verfügung gestellt wird, wodurch eine vollständige Verbrennung der flüchtigen Kohlenwasserstoffe gesichert sei.

Durch die vorgestellte Erfindung würden auch die Kohleablagerungen im Zylinder und in den damit verbundenen Teilen beseitigt, da sie durch den zusätzlichen Sauerstoff herausgebrannt würden.

Das Gerät besteht aus einem Tank mit einem Paar von Elektroden zur Wasserspaltung und Gas-Abführungen vom Tank über den Vergaser zum Einlaßkrümmer des Motors.
Eine weitere Vorrichtung an Frazers Gerät ist eine Mengensteuerung der Gasproduktion, die mit dem Gaspedal gekoppelt werden kann.

Das Wasser enthält, wie er schreibt, natürlich einen gewissen Prozentsatz von Verunreinigungen, die als saures oder aber alkalisches Elektrolyt dienen. Frazer hebt hervor, daß die Zumischung des Oxy-Hydrogens auch eine Verwendung von Brennstoffen mit geringer Klopffestigkeit ermöglicht.

Über den produzierten Wasserstoff, seinen hohen Brennwert und eine mögliche Rückschlaggefahr wird nichts erwähnt. Diese Dinge waren dem Erfinder wohl noch gar nicht bewußt oder bekannt.

Wasserstoff und Sauerstoff werden aus der Elektrolysezelle gemeinsam ausgeleitet.

George Edward Heyl

Der Engländer George Edward Heyl meldete ein Patent an, das er zunächst 1945 in England erhielt, und welches ihm dann nach Anmeldung in den USA am **30. Mai 1950** als US-Patent (2,509,498) – Electrolytic Charge Forming Device – gewährt wurde.

Es geht dabei um eine Vorrichtung zur Ergänzung des herkömmlichen Kraftstoffes durch ein „explosives Gemisch von Sauerstoff und Wasserstoff", welches durch ein Elektrolysegerät mit Hilfe der Motorkraft „oder anderer passender Mittel" zur Verfügung gestellt wird. Heyl betont in seiner Patentschrift, daß der elektrische Generator, der gewöhnlich mit einem Verbrennungsmotor gekoppelt ist, meist mehr Strom produziert als für die Versorgung des Fahrzeugs mit Lichtstrom und Zündstrom nötig ist. Auch die Batterie könne diesen Überschuß nicht aufnehmen, wenn sie erst einmal voll geladen sei. Deswegen sei der Überschuß eine Verschwendung.

Darum könne man diesen gut für die Gewinnung von Sauerstoff und Wasserstoff als zusätzliches Gasgemisch für den Verbrennungsmotor verwenden.

Das ebenso Ungewöhnliche wie Simple an dieser Erfindung ist die Tatsache, daß kein zusätzliches Elektrolysegerät erforderlich ist, weil Heyl die an Bord befindliche Autobatterie nutzt, um das darin fortlaufend erzeugte Gas auszuleiten und zu nutzen. Man braucht also nur eine zusätzliche Kammer, in der sich das in der Autobatterie erzeugte Gas sammeln kann, denn die Batterie selbst ist die Elektrolysezelle. Zweckmäßigerweise geschieht die Ansammlung des Gases über einen Filter, der etwaige Elektrolytreste aus der Batterie zurückhält. Dieser Filter kann aus einer Schicht Asbest oder Glaswolle bestehen, die von einer perforierten Stützplatte gehalten wird.

Wenn man das wolle, könne man den Filter noch mit etwas Benzin imprägnieren, das sich, während das Sauerstoff-Wasserstoff-Gemisch durch den Filter strömt, mit diesem mischen kann, bevor es über den Vergaser in den Motor gelangt. Dieses Benzin, oder besser noch reiner Alkohol, könne auch schon vorher direkt mit dem Elektrolyt gemischt werden, so daß eine angereicherte Mischung daraus entsteht.

Bei dieser Erfindung wird der Strom aus dem Generator teils zum Laden der Batterie, teils zur Spaltung des Elektrolytes in Wasserstoff und Sauerstoff verwendet.
Auch für Dieselmotoren sei die Erfindung geeignet, wo das Gasgemisch der Einspritzanlage zugeführt wird.

Diese Erfindung erscheint uns vom geringen Aufwand und der Idee her sehr interessant.

Georg S. Mittelstaedt

Der Deutsch-Amerikaner Mittelstaedt aus Brooklyn (N. Y.) meldete ein US-Patent an (3,311,097) – Hydrogen-Oxygen Device in Combustion Engines – das ihm am **28. März 1967** gewährt wurde.

Mittelstaedt legt seine Erfindung sehr breit an, in dem er eine ganze Reihe von Möglichkeiten zur Gewinnung und Verwendung der Gase aufzählt. Insofern erscheint sie nicht als Erfindung schlechthin, sondern als eine Zusammenfassung unterschiedlicher Teilerfindungen aus dem Bereich Wasserstoff-Sauerstoff-Erzeugung für eine Verbrennung. Vorteile seien eine Gemischverbesserung, eine Abnahme toxischer Stoffe sowie ein Anstieg bei der Motorleistung und der Wirksamkeit des Verbrennungsprozesses. Bei Mittelstaedt können sowohl die in der Batterie beim Ladevorgang selbst (wie schon bei **Heyl**, 1950) erzeugten Gase H_2 und O_2 verwendet werden, um dann der Verbrennung im Motor zur Verfügung zu stehen, als auch diese Gase in einer zusätzlichen Elektrolysezelle oder auch einer zweiten Batterie erzeugt werden.

Er weist darauf hin, daß bekannt sei, daß mit 96500 Amperesekunden (entspr. 26,8 Amperestd. [Ah]; d. V.) Strom 11200 cm^3 (11,2 Liter) Wasserstoff und 5600 cm^3 (5,6 Liter) Sauerstoff pro Zelle produziert würden und daß eine Mischung dieser Gase sehr explosiv sei und sie durch einen Funken gezündet werden könne.

Sowohl als Benzin-Gas-Zusatz im Einlaßbereich des Motors als auch in Form eines „Nachbrenners“ zur wenigstens teilweisen Beseitigung schädlicher, unverbrannter Rückstände lasse sich die Erfindung anwenden. Bei manchen Anwendungen lasse sich so zusätzliche Antriebskraft bzw. Schub damit erzeugen. Man könne die Gase sowohl gemischt als auch getrennt zur Verbrennung bringen, je nach Wunsch und Aufbau des Gerätes.

Patrick Dufour

Der US-Amerikaner Patrick Dufour meldete ein US-Patent an (4,031,865) – Hydrogen-Oxygen Fuel Cell for Use With Internal Combustion Engines – das ihm am **28. Juni 1977** gewährt wurde.

Hier handelt es sich um eine ganz normale Elektrolyse-Vorrichtung zur Erzeugung von Wasserstoff und Sauerstoff unter Verwendung von Natriumhydroxid als elektrolysefördernder Bestandteil der wässrigen Lösung. Dufour erwähnt, daß die Gase gemischt und vor der Einleitung in den Einlaßkrümmer des Verbrennungsmotors von Wasserresten getrocknet werden. Dafür schlägt er Stahlwolle, Glasfasern, Asbestwolle oder Vergleichbares vor. Es geht bei seiner Erfindung um die Herstellung von Gasen als Kraftstoffzusatz, um den Verbrauch zu mindern, wobei er aber auch erwähnt, daß der Motor zur Herstellung der zusätzlichen Gase mehr Arbeit verrichten muß.

Steven Horvath

Der Australier Steven Horvath meldete ein US-Patent an (4,107,008) – Electrolysis Method for Producing Hydrogen and Oxygen – das ihm am **15. August 1978** gewährt wurde. Dabei handelt es sich um folgendes:

Zu Beginn wird betont, daß es sich um eine Erfindung auf dem Gebiet der Elektrolyse und besonders um die des Wassers handelt, jedoch nicht ausschließlich. Es können damit also auch andere Stoffe zerlegt (dissoziiert) werden.

Wie allgemein üblich, werden bei der Elektrolyse von Wasser chemische Salze und Hydroxide als wässrige Lösungen verwendet. Sie bilden damit den elektrischen Leiter, der den Elektronen- bzw. Ionenstrom von der Kathode zur Anode der Elektrolysezelle ermöglicht.

Horvath schreibt, wenn man bei einer herkömmlichen Gleichstrom-Elektrolyse das Faradaysche Gesetz anwende, sei die an der Kathode und an der Anode frei werdende Stoffmenge von Wasserstoff und Sauerstoff direkt proportional zur elektrischen Ladung, d. h. der aufgewendeten Menge an Elektrizität. Dies ließe sich auch meßtechnisch nachweisen. Dadurch seien der

Gasproduktion natürlich Grenzen gesetzt, weswegen man Wasserstoff und Sauerstoff kommerziell auch nicht durch eine solche Elektrolyse herstelle.

Es sei bekannt (!), daß man Stoffgemische einschließlich der Elektrolyte, wie z. B. auch Wasser, durch die Einwirkung elektromagnetischer Kurzwellenstrahlung in ihre Bestandteile zerlegen könne. Eine solche Zerlegung könnte man „Radiolyse" nennen. 1974 beschrieb der japanische Wissenschaftler Akibumi Danno in einem Artikel unter der Überschrift „Producing Hydrogen with Nuclear Energy", erschienen in der „Chemical Economy and Engineering Review", die Radiolyse von Wasser und einigen Kohlenwasserstoffen ziemlich detailliert. Kurzum, man fand heraus, daß Röntgen- oder Gammastrahlen mit einer Wellenlänge von weniger als 10^{-10} Meter gleich 0,3 mm (*entsprechend einer Frequenz von 1000 GHz*) Stoffgemische (*bzw. deren Moleküle*) aufspalten. Bei Wasser wären dies die Gase Wasserstoff und Sauerstoff. Danno schlägt vor, dazu die Strahlung eines Atomreaktors zu verwenden, besser noch – da dies nicht so wirkungsvoll wäre – es mit einem chemischen Prozess zu machen, bei dem Kohlendioxid zu Kohlenmonoxid zerlegt, und dann mit einem „konventionellen Umwandlungsprozeß" daraus Wasserstoff hergestellt wird.

Horvath stellt nun eine Erfindung vor, die die herkömmliche Gleichstrom-Elektrolyse und eine zusätzliche Strahlungselektrolyse (Radiolyse) miteinander kombiniert. Er behauptet, daß dadurch insgesamt eine größere Gasmenge entsteht, als wenn man dies nur mit Gleichstrom oder nur mit Radiolyse machen würde. In seinem Gerät wird ein elektromagnetisches Feld erzeugt, in dem Hochgeschwindigkeits-Photonen der kurzwelligen Strahlung und Ionen (*Ladungsträger*) des Elektrolytes auf besonderen Pfaden die Möglichkeit einer Kollision zwischen Elektronen und Ionen ansteigen lassen, woraus sich letztlich ein verbesserter Gasausstoß ergebe.

Dafür gebe es wiederum zwei Methoden. Die eine wäre, gepulste Hochspannung direkt an Anode und Kathode einzuspeisen, um damit die erforderliche kurzwellige Strahlung zu erzeugen. Die andere wäre, solche Hochspannungsimpulse außerhalb der Elektrolysezelle von einem oder mehreren Generatoren erzeugen und entladen zu lassen *(es entstehen Entladungsfunken, die ein kurzwelliges Spektrum aussenden; d. V.).* und zwar so, daß die Elektrolyseflüssigkeit der Strahlung ausgesetzt ist, die beim Entladen entsteht. Horvath fügt seiner Patentvorlage eine ganze Reihe von technischen Zeichnungen sowie einige elektronische Schaltungen für die von ihm vorgeschlagene Erzeugung von gepulster Hochspannung bei, die er auch bis ins Detail in ihrer Wirkungsweise erläutert. Man ersieht daraus auch, daß er ein Elektronikfachmann war, vorausgesetzt, er hat diese Schaltungen und Beschreibungen nicht einem Fachmann überlassen, der sie für ihn ausgearbeitet hat.

Das Horvathsche Patent zeigt, daß die später noch zu erläuternden Erkenntnisse von Kanzius und Roy über die Seewasser-Hydrolyse keineswegs neu sind.

Archie Blue

Der Neuseeländer Archie Blue aus Christchurch meldete ein US-Patent an (4,124,463) – Electrolytic Cell – das ihm am **7. November 1978** gewährt wurde.

Das Besondere an Blues Elektrolysezelle ist die Beimischung von Außenluft, die – wie Blue argumentiert – zur Kontrolle der explosiven Verbrennung des Gasgemisches dienen soll. Außerdem soll diese Luft an den Elektroden vorbeiströmen und damit die Gasbläschen beseitigen, die sich an den Elektroden bilden. Blue meint, diese Gasbläschen behinderten einen optimalen Stromfluß zwischen den Elektroden, weil sie die für den Stromfluß verfügbare Elektrodenfläche verkleinerten. Das soll mit dem Luftstrom, der dann automatisch dem Wasserstoff-Sauerstoff-Gemisch zusätzlich beigemischt wird, verhindert werden.

Kiyoshi Inoue

Der Japaner Kiyoshi Inoue aus Tokyo meldete ein US-Patent an (4,184,931) – Method of Electrolytically Generating Hydrogen and Oxygen- das ihm am **22. Januar 1980** gewährt wurde.
Dabei handelt es sich um folgendes:

Er stellt eine Erfindung vor, bei der Wasserstoff und Sauerstoff für einen Brenner oder etwas Vergleichbares erzeugt wird, und zwar, in dem ein impulsförmiger elektrischer Strom an mindestens ein Paar von Elektroden herangeführt wird, die zumindest teilweise in elektrolytisch leitendem Wasser eingetaucht sind und jeweils eine neben der anderen in einem dicht verschlossenen Tank sitzen. Dabei beträgt die Impulsdauer nicht mehr als 500 Mikrosekunden, möglichst aber nicht mehr als 50 Mikrosekunden und in der praktischen Anwendung nicht weniger als 1 oder 5 Mikrosekunden (!). Die zwischen den Impulsen liegenden Pausen sollten dabei möglichst nicht weniger als das 2-fache und nicht mehr als das 30-fache der Impulslänge betragen.

Der auf diese Weise gepulste Strom soll ein Gleichstrom sein. Das Ganze, so schreibt er, könne auch mit gleichgerichteter Hochfrequenz gemacht werden, wobei Frequenzbereiche von 1 bis 500 kHz oder 200 Hz bis 20 kHz zur Anwendung kommen.

Nimmt man eine herkömmliche Elektrolyse, so schreibt Inoue, die beispielsweise mit einem Gleichstrom von 1 Ampere in einer wäßrigen Lösung mit einem Anteil von 20% Kaliumhydroxid abläuft, so bekommt man eine Gasproduktion von 55 cm^3 pro Minute bei einer Feuchtigkeit von 15%. Nimmt man im Vergleich dazu die hier vorgestellte Elektrolyse mit gepulstem Strom bei Impuls- und Pausenlängen von 20 Mikrosekunden, so erhält man 68 cm^3 Gas mit weniger als 3% Feuchtigkeit. Besonders auffällig sei das Ergebnis, wenn man mit den weiter oben genannten Impuls- und Pausenlängen arbeite. Impuls und Pause sollten so eingestellt werden, daß man eine möglichst stabile Flamme bekomme.

Cledith A. Sanders und Familie

Die Personen Cledith A. Sanders, Margaret M. Sanders und Cledith A. Sanders II scheinen eine Familie von Erfindern gewesen zu sein, denn sie alle drei haben das US-Patent (4,369,737) – Hydrogen-Oxygen Generator – am **25. Januar 1983** gewährt bekommen.

Sie schlagen einen Generator vor, der aus einem Kunststoffgehäuse mit parallel angeordneten Elektrodenreihen besteht. Der Elektrolyt besteht aus Natrium-2-Sulfat ($Na_2SO_{4)}$. Die eine Hälfte aller Elektrodenstäbe ist elektrisch positiv und mit einer Gleichstromquelle verbunden, während die andere Hälfte negativ ist und mit der Erde bzw. Gerätemasse verbunden ist. Die positiven Stäbe sind abwechselnd angeordnet, so daß jeder einzelne negative Stab zwei positiven Stäben und jeder einzelne positive Stab zwei negativen Elektroden in einer Dreiecksanordnung gegenübersteht. Wie sie schreiben, finde diese Elektrolysezelle besonders als Brennstoffgenerator für Verbrennungsmotoren seine Verwendung. Da bisherige ähnliche Erfindungen aus verschiedenen Gründen nicht zu wirtschaftlichen Ergebnissen geführt hätten, erfuhren diese keine weitere Verbreitung. Dennoch biete diese Technik eine großes Entwicklungspotential, da Wasserstoff bei der Verbrennung hohe Energie und keinerlei Luftverschmutzung produziere. Deshalb sei die vorliegende Erfindung eine technische Verbesserung.

Am Auslaß der Elektrolysezelle komme ein Gemisch beider Gase, also Wasserstoff und Sauerstoff, heraus, das man zu beliebigen Zwecken verwenden könne.
Die Verbesserung soll aus dem besonderen Aufbau der Zelle durch die dreiecksförmige Elektrodenanordnung bestehen.

Stanley Meyer

Meyer ist einer der bedeutendsten Wasserstoff- bzw. Browns-Gas-Forscher der USA – wenn nicht der bedeutendste überhaupt

– auch wenn in manchen Abhandlungen daran gezweifelt wird und man ihm aus Mißgunst Dinge anhängte, die ihm nicht gerecht wurden.

Nach allem, was uns an Informationen zur Verfügung steht, kommen wir zu dem Ergebnis, daß er einer der wenigen war, die ein vollständig durch Wasser gespeistes Fahrzeug entwickelten und in Testfahrten Tausende von Meilen erprobten.

Dieser Stanley Meyer aus Grove City, Ohio, meldete neben anderen Patenten ein US-Patent an (4,389,981) – Hydrogen Gas Injector System for Internal Combustion Engine – das ihm am **28. Juni 1983** gewährt wurde.

In diesem Patent geht Meyer auf drei andere, von ihm bereits 1981 eingereichte Patente ein und beschreibt zusammenfassend, wie weit er seine Technik darin schon entwickelt hat. Wir beschränken uns auf nur eines. Im Patent 802,807 hat er einen Wasserstoff-Sauerstoff-Generator beschrieben, bei dem ein elektrisch nicht-reguliertes, nicht-gefiltertes, Niedrigenergie- und mit elektrischem Gleichstrom gespeistes System zur Anwendung kam. Der Strom wurde zu zwei nichtoxidierenden Metallplatten geleitet, zwischen denen Wasser hindurchströmte. Die sub-atomaren Reaktionen wurden durch gepulste Gleichspannung gesteigert. Diese Entdeckung beinhaltete auch die Möglichkeit, Wasserstoff und Sauerstoff getrennt herauszuführen.

Wie Meyer schreibt, bezieht sich dieses Patent in erster Linie auf die Verwendung von Wasserstoff in einem Verbrennungssystem und hier besonders auf den Antrieb eines Kolbens in einem Automotor. In einem Generator wird Wasserstoff erzeugt und anschließend in einer Mischkammer mit anderen, nicht flüchtigen Gasen (*wohl mit Sauerstoff und Stickstoff – also mit Luft!; d. V.*) gemischt, wobei, wie er schreibt, auch Sauerstoff zugeführt wird. Die Gasmischung wird wegen der Verbrennungstemperatur kontrolliert, damit die Verbrennungsgeschwindigkeit von Wasserstoff der Geschwindigkeit herkömmlicher Brennstoffe angepaßt werden kann. Der Wasserstoff-Generator wurde von ihm verbessert und trägt jetzt einen Zusatztank, um immer eine gewisse Gasmenge für den Start vorrätig zu halten. Darüber hinaus enthält der vereinfachte Aufbau jetzt eine Reihe von Einwegventilen, Sicherheitsventilen und einen Löschapparat. Die bei diesem Prozess anfallenden, nicht brennbaren Auspuffgase (*Wasser!*) werden in einer geschlossenen Schleife zum Verbrennungsraum zurückgeführt.

Jetzt kommt das Wichtigste der Erfindung:

Die Kombination aller Vorrichtungen enthält einen kompletten Teilesatz, mit dem man einen Standardautomotor von Benzin oder anderen Brennstoffen auf ein Wasserstoffgasgemisch umrüsten kann.

...also auf reinen Browns-Gas- bzw. Oxy-Hydrogen-Betrieb!; d. V.

In einem späteren Patent (5,293,857) – gewährt am **15. März 1994** – hat Meyer schließlich ein komplexes System seiner Erfindung veröffentlicht, welches er als „Hydrogen Gas Fuel System Management System for an Internal Combustion Engine Utilizing Hydrogen Gas Fuel" genannt. Zu deutsch: Wasserstoffgas-Brennstoffsystem für einen Verbrennungsmotor, der Wasserstoffgas als Brennstoff verwendet. Dies war offensichtlich die revolutionäre Umwandlung des Autoantriebs und damit die Unabhängigkeit von den Ölmultis. Alles deutete darauf hin. Wenn diese Erfindung auch noch die offizielle Anerkennung erfahren würde, dann wären die Ölmultis sicher nicht mit Meyers System einverstanden.

Also weg damit in die Geheimschublade des alten Systems. Meyer starb unter eigenartigen Umständen. Zufall oder Nichtzufall bei einem Außenseiter-Querdenker wie ihm?

Glenn Shelton

Der US-Amerikaner Glenn Shelton aus North Carolina meldete ein US-Patent an (4,573,435) – Apparatus and Method for Generating Hydrogen for Use as a Fuel Additive in Diesel Engines – das ihm am **4. März 1986** gewährt wurde.

Dabei handelt es sich um folgendes:

Shelton betont gleich zu Beginn, daß Wasserstoff sowohl als ein primärer Brennstoff, aber auch als Ergänzung und als Brennstoff-Additiv, besonders auch in Ergänzung zu Erdöl-Brennstoffen verschiedene Vorteile beim Betrieb von Verbrennungsmotoren besitzt. Dazu gehören vor allem die Verbesserung der Wirksamkeit durch eine vollständigere Verbrennung des Erdölkraftstoffes und damit verbunden die Verringerung und sogar völlige Beseitigung schädlicher Auspuffgase.

Dabei lag das Hauptaugenmerk darauf, wie man Wasserstoff in einem Fahrzeug auf sichere Art mitführen kann. Die bekannteste Methode war die Speicherung in sogenannten Metall-Hydrid-Speichern (*vor allem bekannt geworden unter dem Namen „Billings-Flasche"; d. V.).* Es blieb aber das Problem, herkömmliche Motoren für den Wasserstoffgebrauch umzurüsten sowie ein Verteilungsnetz von Wasserstoff-Tankstellen aufzubauen. Zusätzlich hatten viele Leute auch Angst davor, den als gefährlich angesehenen Wasserstoff im Fahrzeug mitzuführen.

Deswegen, so schreibt Shelton, kam er auf die Idee, den Wasserstoff als ergänzenden (*nicht alleinigen*) Brennstoff an Bord des Fahrzeugs zu erzeugen, um das Problem des Mitführens in Druckflaschen zu umgehen. Anfänglich wollte man die Abwärme des Motors als Energiequelle für die Stromerzeugung benutzen, um dann mit dieser wiederum Wasser elektrolytisch zu spalten. Das war aber nicht effektiv. Zusätzliche elektrische Stromquellen an Bord wie z. B. eine Extrabatterie waren dafür auch zu aufwendig

und zu teuer. Eine andere Methode bestand darin, einen Teil des Benzins abzuzweigen, um dieses in einem Wärmereaktor in seine Bestandteile zu zerlegen. Dazu zählen sowohl eine Reihe von Kohlenwasserstoffen als auch reiner Wasserstoff. Hier bestanden die Nachteile in den zu großen Ausmaßen eines solchen Reaktors und in langwieriger Entwicklungsarbeit. Obendrein würde ein Teil des Kraftstoffs (Benzin) für den Reaktor selbst verbraucht und ginge für die beabsichtigte Einsparung wieder verloren.
Noch eine andere Möglichkeit bestand darin, Wasserstoff durch die „Dampf-über-Eisen"-Methode zu erzeugen (Patente von Harrel und Kelly). Dort wird Wasser zu Dampf erhitzt und dieser über Eisenflocken bzw. feine Eisenteilchen geleitet, die das Bedürfnis haben, sich den Sauerstoff aus dem Dampf zur Oxidation herauszuholen. Übrig bliebe Wasserstoff. Hier führten aber regelmäßige Reinigung und Austausch der oxidierten Eisenteilchen zu einer unwirtschaftlichen Handhabung.

Shelton führt noch zwei weitere Methoden der Wasserstoffgewinnung an (Patente von Sugimoto und Davis), die als Patente angemeldet wurden, aber ebenfalls zu umbauaufwendig, kompliziert und teuer waren, um für eine Nutzung von Serienfahrzeugen geeignet zu sein. Er kommt zu dem Schluß, daß eine Verwendung von Wasserstoff als Ergänzung oder Additiv mit einer einfachen Nachrüstung eines herkömmlichen Motors zu machen sein müsse, ohne größere Umbauten vorzunehmen. Außerdem müsse die Erzeugung von Wasserstoff durch eine Wärmetauscher-Technik möglich sein.

Bei der hier vorgestellten Erfindung werden sowohl der Spritverbrauch als auch die Abgasqualität verbessert, in dem Wasser aus einem Druckbehälter in den Eingang eines Wärmetauschers (Wasserstoff-Generators) in dosierter Menge geleitet wird. Dabei wird diese Wasser-Dosis von der gerade in den Motor eingespritzten Dieselmenge kontrolliert *(Gaspedal).*

Das läuft so ab:

Die heißen Abgase aus dem Auspuffkrümmer werden gesammelt und zum Eingang eines Wärmetauschers geführt. Dabei werden diese durch eine Vielzahl von Wärmetauscher-Röhren geleitet. Nun wird eine bestimmte Menge Wasser von außen auf die heißen Röhrenwände gesprüht, so daß durch diesen Vorgang Wasserstoff aus dem Wasser abgespalten wird. Wünschenswert wäre dabei ein Wasserstoffanteil von 2,8 bis 3% in dem nun von Wasserstoff angereicherten Luftgemisch. Dabei sollte der Anteil des eingesprühten Wassers etwa 5 bis 10% des jeweils in den Brennraum des Motors eingespritzten Dieselkraftstoffes betragen. Der auf diese Weise erzeugte Wasserstoff (sowie auch etwas Sauerstoff und Wasserdampf) wird dann in den Lufteintrittskanal des Motors geleitet, wo er sich mit der einströmenden Außenluft mischt und in einer Verbrennungskammer zusammengepreßt wird, die noch vor der Dieseleinspritzung liegt. Um den Wasserstofffluß vom Wärmetauscher bis in diese Kammer zu gewährleisten, wird ein Luftstrom von der Abgasseite des Turboladers in den Wärmetauscher geführt.

Shelton führt zum Schluß an, daß auf diese Art und Weise eine erhöhte Kilometerleistung von 10 bis 200% *(!)* erreicht und der Dieselkraftstoff dabei im wesentlichen schmutzfrei wird.

Francisco Pacheco

Der Bolivianer Francisco Pacheco meldete ein US-Patent an, (5,089,107) – Bi-polar Auto Electric Hydrogen Generator) – das ihm am **18. Februar 1992** gewährt wurde.

Pacheco schreibt, daß diese Erfindung sich allgemein auf die Produktion elektrolytischen Wasserstoffs aus einem passenden Elektrolyt beziehe: Meerwasser, Leitungswasser, eine Natriumchlorid-Lösung oder eine Salzsole. Damit soll zu 99,98% reiner Wasserstoff an **beiden** Elektroden (!) einer Elektrolysezelle entstehen.

Er schreibt nun weiter, an der Anode entstehe Chlor (Cl), an der Kathode der Wasserstoff zusammen mit Natriumhydroxid (NaOH).

Nun geht er auf die Vorteile einer Wasserstoff-Verbrennung für alle möglichen maschinellen Anwendungen ein und beschreibt, daß die Produktion, die Aufbewahrung und Verteilung von Wasserstoff mit den derzeitigen Mitteln zu teuer und aufwendig sei, auch wenn man berücksichtige, daß Wasserstoff einen dreimal höheren Brennwert hat als fossile Brennstoffe.

Nun sei die hier vorgestellte Erfindung ein Beweis dafür, daß die Herstellung des Gases an Ort und Stelle (in situ) eine Lösung der beschriebenen Probleme sei, sofern Wasserstoff an beiden Elektroden produziert werde *(s.o.).*

Sie sei auch eine radikale Abkehr von der konventionellen Elektrolyse von Meerwasser oder Sole.

Was Pacheco nun über die chemischen Vorgänge schreibt, erscheint uns sehr abenteuerlich und vor allem auch unvollständig; d.V.

Die Kathode besteht aus dem Edelstahlüberzug eines Plastikgefäßes und ist ständig mit den Edelstahlplatten zwischen den Anoden"bänken" (in Reihen angeordneten Anoden) verbunden. Die Anodenbänke bestehen aus Magnesiumplatten, permeablen Separatoren und Aluminiumplatten. Der Elektrolyt ist Meerwasser.

Das Entstehen von Wasserstoff an beiden Elektroden erscheint uns auf Grund bestehender chemischer Erkenntnisse unwahrscheinlich, auch wenn P. dies mehrmals wiederholt; d. V.

So z. B.: „Die elektrische Energie bewirkt, daß an der Magnesium-Elektrode Chlor gebildet wird, und die chemische Reaktion des Magnesiums mit dem Elektrolyt bildet Wasserstoff, der an dieser

Elektrode (Anode) frei wird. Wasserstoff und Natriumhydroxid werden durch Elektrolyse an der Edelstahlkathode produziert, der Wasserstoff wird an der Kathode frei."
Er schreibt dann, daß die Rolle des permeablen Separators noch „nicht recht zu erklären" sei, ebenso die Tatsache, daß eine sehr hohe Menge Wasserstoff entstehe, die weit über den Vorhersagen liege. Dennoch wolle er dies aber als bedeutendes Faktum und Teil der Erfindung mit in das Patent einbeziehen. Als Nebenprodukte würden auch noch Aluminium- und Magnesiumhydroxid entstehen.

Chemische Formeln gibt Pacheco nicht an, so daß dem privaten Forscher nichts weiter an die Hand gegeben wird als nur eine wenig aussagekräftige Zeichnung seines Apparates.

Nach unserer Einschätzung ist dieses „Patent" eher unter „Eingebungen höherer Art" einzureihen, auch wenn wir dies nicht mit letzter Sicherheit behaupten können.
Wenn man sich fragt, wieso solche Vorschläge vom US-Patent- und Markenamt anerkannt werden, kommt man auf die wieder und wieder in Artikeln zu lesende böswillige Behauptung, viele der dortigen Patent-Sachbearbeiter, oft ehemalige Patentanwälte, hätten keine ausreichenden Fachkenntnisse; d. V.

John F. Munday

Der Kanadier John F. Munday meldete ein US-Patent an (5,143,025) – Hydrogen and Oxygen System for Producing Fuel for Engines -, das ihm am **1. September 1992** gewährt wurde.

Der Autor erwähnt zunächst sechs andere Erfinder, die bereits Patente zur Erzeugung von Wasserstoff und Sauerstoff durch Elektrolyse für Verbrennungsmotoren angemeldet und erhalten haben und geht auf die jeweiligen Unzulänglichkeiten von einigen der vorangegangenen Erfindungen ein. Sein System überwinde diese Fehler, wie er schreibt, und zwar durch die getrennte Erzeugung beider Gase in jeweils getrennten Kammern.

Dazu sieht Munday Trennwände zwischen den Elektrodenreihen in dem Elektrolysebehälter vor, die verhindern, daß die beiden Gase sich frühzeitig mischen. Zu diesem Zweck ist jede Kathode und jede Anode von einer elektrisch nicht leitenden Röhre umgeben, die verhindert, daß sich die Gase an den Elektroden sammeln. Interessant klingt, wenn er sagt, daß die elektrische Energie aus dem Fahrzeug-Generator durch ein *(getrenntes?)* Beschleunigungspedal zur Verfügung gestellt wird, welches jede einzelne Elektrode nacheinander aktiviert, bis alle mit Strom versorgt sind.

Dieses Pedal müßte ja mit dem normalen Gaspedal gekoppelt sein, um praktikabel zu sein; d. V.

Wasserstoff und Sauerstoff kommen also nicht zusammen, bevor sie in die Motorzylinder eintreten. Es ist auch eine Drossel-Steuerung vorgesehen, durch die man die jeweils für den Motor benötigte Gasmenge regeln kann.

Edward G. Mosher / John T. Webster

Die beiden genannten amerikanischen Erfinder meldeten ein US-Patent an (6,257,175 B1) – Oxygen and Hydrogen Generator Apparatus for Internal Combustion Engines -, das ihnen am **10. Juli 2001** gewährt wurde.

Dabei geht es um folgendes:

Sie betonen, es sei eine Vorrichtung, die zur Verbesserung der Umweltverträglichkeit von Verbrennungsmotoren beitrage, in dem die Zufuhr von Sauerstoff zu einer saubereren Verbrennung führe und Wasserstoff eine zusätzliche Energiequelle darstelle.

Sie schlagen eine Elektrolysezelle zur Nutzung von Wasserstoff und Sauerstoff für eine Verbrennungsmaschine vor, die Natriumhydroxid als Elektrolyt enthält und bei der die Elektroden aus Edelstahl, Titan oder anderen geeigneten Metallen bestehen. Dabei ist die Kathode mit dem Chassis des Fahrzeugs (Massekontakt) verbunden. Die Gase werden beide getrennt in den Einlaßkrümmer des Motors geleitet. Die Energiequelle für die Elektrolyse ist der Generator (Lichtmaschine) des Fahrzeugs.

Nähere Angaben zum Stromverbrauch, zur erzeugten Gasmenge, zu Sicherheitsvorkehrungen (Flammenrückschlag!) u. a. werden von den Erfindern nicht gemacht.

Das ganze stellt u. E. keine eigentliche Neuheit dar, da solche Elektrolyse-Patente schon viele Jahre früher angemeldet wurden. Man erkennt daran, daß das amerikanische Patentamt Mehrfachanmeldungen praktisch gleicher Ideen akzeptiert, wenn andere Personen die Erfinder bzw. Anmeldenden sind. Damit werden automatisch Rechtsstreitigkeiten heraufbeschworen, wenn diese Patente zur wirtschaftlichen Verwertung kommen sollten; d. V.

Dennis Klein

Der US-Amerikaner Dennis Klein aus Florida meldete ein US-Patent an (6,689,259 B1) – Mixed Gas Generator -, das ihm am **10. Februar 2004** gewährt wurde.

Im Prinzip ist dieser „Mischgasgenerator“ nichts anderes als der, für den Yull Brown bereits 1978 ein Patent bekam. Klein ergeht sich in seiner Patentbeschreibung in recht langatmigen Vergleichen zu anderen, schon bestehenden Patenten, von denen er seine Idee aber stark absetzt, wobei klar wird, daß er im Prinzip nichts Neues entdeckt hat. Unseres Erachtens stellt sein Mischgasgenerator nur eine leichte Veränderung der Brownschen Erfindung dar.

Klein wird nachgesagt, daß er die Brownsche Technik mit Hilfe der Chinesen in den USA-Markt gebracht hätte. Möglicherweise geschah das mit dem hier beschriebenen Patent.

Klein betont, daß der bei Brown eingesetzte Lichtbogen zur Trennung der beiden Gase Wasserstoff und Sauerstoff und damit zur Erzeugung einer heißen Schweißflamme bei seinem Apparat nicht vorkomme, da das Gasgemisch ohne diesen Lichtbogen brenne. (*Logisch, aber der Lichtbogen verfolgt bei Yull Brown einen anderen Zweck, s. o.; d. V.*)
Kleins Konstruktion besitzt neben der Elektrolysezelle getrennte Gasreservoire für beide Gase, Pumpen und verschiedene andere Vorrichtungen, Kontrollmöglichkeiten und diverse Zusatzteile.

Die chronologische Aufstellung der vorgestellten US-Patente ist nur ein Ausschnitt aus einer noch größeren Anzahl solcher Patent-Anmeldungen.
Damit wollten wir zeigen, welche Ähnlichkeit unter den einzelnen Ideen mitunter besteht und wo tatsächlich Unterschiede und/ oder Verbesserungen bei der praktischen Verwirklichung der Dissoziation von Wasser zum Zweck der Erzeugung eines brennbaren Gases vorhanden sind.

Kapitel 5

Forscher mit Patenten in anderen Ländern

Philipp Kanarev, Krasnodar, Rußland

aus: www.guns.connect.fi

„Wasser wird der Hauptenergieträger zukünftiger Energieerzeugung sein.“ (Kanarev)

Wasserelektrolyse mit niedrigstem Energieaufwand

Prof. Dr. Philipp Kanarev ist Leiter der Abteilung „Theoretische Mechanik“ an der staatlichen russischen Landwirtschaftsuniversität in Krasnodar, Rußland.
Er hat eine Methode der Wasser-Plasma-Elektrolyse entwickelt, die er als die optimale Art ansieht, auf preiswerte Art Wasserstoff aus Wasser zu gewinnen. Seine Erkenntnisse wurden 1987 jedoch weder in den Medien noch in der Patentliteratur publiziert. Man war der Meinung, seine Forschung läge im Bereich militärisch-industrieller Nutzung, und so wurde seine Erfindung geheimgehalten und nicht veröffentlicht. Zu der Zeit interessierte er sich besonders für die Reinigung und Desinfektion von Wasser mit Hilfe des Plasmas, das in seinem Reaktor entstand.

Zwei Jahre danach gaben die Wissenschaftler **Stanley Pons** und **Martin Fleischmann** (USA) bekannt, daß es ihnen gelungen sei, überschüssige Energie mit einem speziellen Elektrolyseverfahren zu gewinnen. Dadurch wurden neue Forschungsvorhaben diesseits und jenseits des früheren „Eisernen Vorhangs“ in Gang gebracht. 1996 veröffentlichte einer von Kanarevs Co-

Autoren, mit denen er schon 1987 ein Verfahren erarbeitet hatte, Ergebnisse zum Energieüberschuß im Plasmaprozeß. Im darauffolgenden Jahr wurden von ihnen die Patente dazu eingereicht. In der Folge überprüfte dann eine Gruppe russischer Wissenschaftler das Gerät und dokumentierte den Ausstoß daraus. Technisch versierte Leser können mehr über Kanarevs Theorie in seinen Büchern lesen, z. B. über die Krise der theoretischen Physik. Das Interessante daran ist: Die Resultate der plasmaelektrolytischen Experimente wurden von seiner Theorie bereits vorrausgesagt.

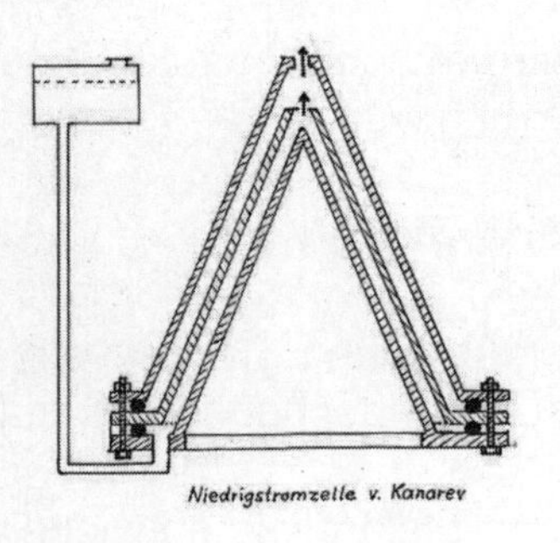
Niedrigstromzelle v. Kanarev

Was ist das besondere an dieser Elektrolyse-Zelle? Professor Kanarev hat dabei eine neue Form der Elektrochemie aufgezeigt, die sehr viel mehr Wasserstoff erzeugen kann, als es die konventionelle Elektrolyse je konnte. Er sagt, wenigstens 10 mal mehr, aber seine Messergebnisse haben gezeigt, daß mehr als 4000 mal (!) soviel Wasserstoff erzeugt wird, als die elektrische Inputleistung vermuten lassen würde. Er hat auch dann noch eine beträchtliche Wasserstoffproduktion gemessen, nachdem seine Elektrolysezelle abgeschaltet war (!) und das Auftreten von Schaum wie bei einer Joe-Zelle (s. u.) beobachtet.

Kanarevs elektrolytische Zelle hat ein spitz zulaufendes Gehäuse aus stromleitendem Material (Metall) und wird als Kathode benutzt. Zusätzliche, spitz zulaufende Elektroden und die spitz zulaufende Abdeckung sind ebenfalls aus stromleitendem Material gefertigt und werden als Anode benutzt. Die Bodenplatte des Gehäuses ist zylindrisch, und in den zusätzlichen Elektroden und der Abdeckung befinden sich kreisförmige Aussparungen

für dielelektrische Ringe. Das Gehäuse, die Elektroden und die Abdeckung sind durch Bolzen miteinander verbunden, die in Löchern der zylindrischen Grundplatte stecken. Die Isolation zwischen Anode, zusätzlichen Elektroden und Kathode wird durch dielektrische Ringe, Unterlegscheiben und Lager hergestellt. Die elektrolytische Lösung wird aus einem Vorratsbehälter in den Elektrodenzwischenraum zugeführt. Die Gase entweichen durch eine Seitenröhre.
Die dargestellte Zelle kann für eine Polarisierung der Ionen aus der Flüssigkeit und der Wassermoleküle sowohl in horizontaler als auch in vertikaler Ebene benutzt werden. Diese bilden ein positives Potential auf der Anode und ein negatives auf der Kathode, schon bevor man an die Zelle elektrische Spannung anlegt. (!)

Der Prozeß der Gastrennung läuft – wie schon erwähnt – nach dem Abschalten der Spannung weiter.

Hier das Wesentliche aus Kanarevs eigener Beschreibung, zusammengefaßt:

Wasserelektrolyse mit niedrigem Stromverbrauch

In den letzten Jahren ist das Interesse an Wasserstoffenergie gestiegen. Das erklärt sich daraus, daß Wasserstoff ein unerschöpflicher und umweltfreundlicher Energieträger ist. Diesen Vorteilen steht jedoch der große Energieverbrauch für seine Herstellung gegenüber. Die meisten modernen Elektrolysegeräte verbrauchen 4 kWh für die Herstellung eines Kubikmeters dieses Gases. Der Elektrolyseprozeß findet bei einer Spannung von 1,6 bis 2,0 Volt und einem Strom von Dutzenden bis Hunderten von Ampere statt. Wenn 1 Kubikmeter Wasserstoff verbrannt wird, kommen dabei 3.55 kWh Energie heraus.

Viele Labors auf der ganzen Welt beschäftigen sich damit, den Energieverbrauch für die Wasserstoffproduktion aus

Wasser zu reduzieren, aber bis jetzt gibt es keine bedeutenden Fortschritte. Ganz nebenbei (*und bisher unbeachtet; d. V.)* existiert aber ein geldsparender Prozeß der Zerlegung von Wassermolekülen in Wasserstoff und Sauerstoff bereits in der Natur. Dieser findet bei der Photosynthese der Pflanzen statt. Dort werden Wasserstoffatome aus dem Wasser abgespalten und als verbindende Glieder beim Aufbau organischer Moleküle benutzt, wobei der anfallende Sauerstoff an die Umgebungsluft abgegeben wird. Es ergibt sich nun die Frage: Ist es möglich, einen elektrolytischen Prozeß der Wasserzerlegung in Wasserstoff und Sauerstoff technisch so nachzubilden, wie er bereits in der Photosynthese stattfindet? Bei der Suche nach der Antwort auf diese Frage ist man nun auf die einfache Anordnung einer Zelle gestoßen, in welcher der Prozeß bei einer Spannung von 1,5 bis 2,0 Volt zwischen der Anode und der Kathode bei einem Stromfluß von 0,02 Ampere (*20 Milliampere!)* abläuft.

Die Elektroden dieser Zelle bestehen aus Stahl. Das hilft dabei, Phänomene zu vermeiden, welche bei der galvanischen Zelle auftreten. Trotzdem tritt ein Potentialunterschied zwischen den Elektroden von knapp 0,1 Volt bereits in völliger Abwesenheit einer elektrolytischen Lösung auf. Gibt man diese Lösung dann hinzu, steigt der Potentialunterschied an. Der Pluspol der Ladung erscheint dann immer an der oberen Elektrode, der negative an der unteren. Wenn man Impulse aus einer Gleichstromquelle zuführt, steigt der Gasausstoß weiter an.

Weil das Labormodell einer Niedrigstrom-Elektrolysezelle nur kleine Mengen von Gas erzeugt, ist die Definitionsmethode des Lösungsmengenwechsels während des Experiments und der weiteren Berechnung des erzeugten Wasserstoff- und Sauerstoffausstoßes die zuverlässigste Methode der Mengenbestimmung. Es ist bekannt, daß ein Gramm-Atom der atomaren Masse des Stoffes äquivalent ist, ein Gramm-Molekül dagegen der molekularen Masse des Stoffes. So entspricht z. B. das Gramm-Atom von Wasserstoff im Wassermolekül dem

Gewicht von zwei Gramm, das Gramm-Atom des Sauerstoffatoms dagegen 16 Gramm. Das Gramm-Molekül von Wasser ist dann gleich 18 Gramm. Die Wasserstoffmasse in einem Wassermolekül ist 2 x 100 : 18 = 11,11%, die Sauerstoffmasse ist 16 x 100 : 18 = 88,89%. Dieses Massen- bzw. Mengenverhältnis von Wasserstoff zu Sauerstoff finden wir in einem Liter Wasser. Das bedeutet, daß 111,11 Gramm Wasserstoff und 888,9 Gramm Sauerstoff in 1000 Gramm Wasser enthalten sind. Ein Liter Wasserstoff wiegt 0,09 g, ein Liter Sauerstoff wiegt 1,47 g. Das bedeutet, daß es möglich ist, 111,11 : 0,09 = 1234,44 Liter Wasserstoff und 888,89 : 1,47 = 604,69 Liter Sauerstoff aus einem Liter Wasser zu gewinnen. Daraus ergibt sich, daß ein Gramm Wasser 1,23 Liter Wasserstoff enthält. Der Energieverbrauch für die Produktion von 1000 Liter Wasserstoff beträgt 4 kWh und für einen Liter demnach 4 Wh. Da es möglich ist, 1,234 Liter Wasserstoff aus einem Gramm Wasser zu gewinnen, werden also 1,234 x 4 = 4,94 Wh (Wattstunden) für die Wasserstoffproduktion aus einem Gramm Wasser benötigt. Soweit Kanarevs Berechungen.

Die Joe-Zelle

Der Erfinder dieser Zelle wollte unerkannt bleiben und gab deshalb nur seinen Vornamen bzw. einen erfundenen Namen an.
Auch hierbei handelt es sich um eine Elektrolysezelle, die aber weitere, bisher nicht eindeutig erklärbare Eigenschaften aufweist, da die Untersuchungsmethoden dafür noch nicht entwickelt sind.

Unter http://expliki.org finden wir sinngemäß folgende Beschreibung:

Eine Joe Cell ist ein Gerät zur Elektrolyse von Wasser. Über die Funktionsweise dieses Aufbaus gibt es verschiedene Hypothesen. Einige glauben, die Zelle entspreche einem sogenannten „Orgon-Akkumulator“ (siehe Wilhelm Reich). Für die Funktionsweise gibt es jedoch bisher keine herkömmlich-wissenschaftlich erklärbare Grundlage.

Eine Joe-Zelle besteht im Wesentlichen aus mehreren konzentrisch ineinandergeschobenen Stahlrohren, die in einem Wasserbad stehen. Entscheidend für die Funktionsfähigkeit sind offensichtlich die Länge der Rohre, der Gesamtdurchmesser sowie die Verhältnisse der Durchmesser der einzelnen Rohre untereinander. Normalerweise kommen vier Rohre (auch Stufen genannt) zum Einsatz, manchmal auch fünf. Über Anschlußklemmen wird eine Spannung an die Rohre angelegt.
Einige Forscher versuchen es auch mit zwiebelschalenartigen, sphärischen Aufbauten.
Eine im Betrieb befindliche Zelle verfügt angeblich über mehrere Stufen, wobei sich diese Stufen zwischen den Hohlräumen der Rohre befinden. So sagt man, daß die erste Stufe sich wie eine normale Elektrolyse verhält, die zweite das Wasser auflädt und die vierte Stufe sogar einen Antigravitations-Effekt zeigt. (!)

Sowohl eine theoretische Begründung als auch eine praktische Beurteilung dieser Technik sehen wir nicht als Aufgabe dieses Buches an, da dazu eine umfangreiche Einführung in die betreffenden Wissensbereiche vorgenommen werden müßte, zumal endgültige Aussagen über diese Technik noch gar nicht getroffen werden können. Interessant ist die Sache dennoch; d. V.

Karl-Heinz Hartkorn, Deutschland

Der Oberingenieur Karl-Heinz Hartkorn reichte beim Deutschen Patentamt eine Erfindung ein, die ihm am **9. Oktober 1975** als Patent gewährt wurde. Er nannte es „Verfahren zur Erzeugung von Wasserstoff und Sauerstoff unter Verwendung elektrischer Energie“.

Auch wenn dieses Verfahren im Wesentlichen auf dem bekannten Aufbau einer Elektrolysezelle beruht, umfaßt es doch zwei zusätzliche Modifikationen. Zum einen schlägt Hartkorn die alt bewährte Form der in das Elektrolyt eingetauchten Elektroden vor, erläutert dann jedoch eine davon abweichende Technik, wenn er schreibt:

„Man kann auch durch Verlegen der Elektroden in den Gasraum bei entsprechendem Minderdruck (*Unterdruck – wieviel, wird nicht gesagt; d. V.)* an die Elektroden eine Hochspannungsquelle anschließen und mit dem sogenannten Glimmfleck, der Glimmlichtentladung, Wasserstoff und Sauerstoff abscheiden."

Um eine, wie er weiter schreibt, wesentlich wirtschaftlichere Erzeugung der Gase zu erreichen, schlägt er vor, „Gleichstrom mit einem überlagerten Wechselfeld" zu verwenden. Dieser wirke in Abhängigkeit vom Elektrolyten in den Elektroden pulsierend. Zusätzlich seien im über dem Elektrolyt liegenden Gasraum Elektroden angeschlossen, die mit einer „Hochspannungs"-Quelle von mehr als 300 Volt und hohen Frequenzen verbunden sind. Durch das Hindurchleiten des elektrischen Stromes sowohl durch den Elektrolyten als auch durch den Gasraum seien bei gleichen Energieaufwendungen Steigerungen der Gasmengen um das bis zu 10-fache gegenüber den bisherigen Elektrolyseverfahren möglich. Das Verfahren sei auch mit wechselnden Frequenzen zu verwenden und bei entstehenden Polarisationseffekten könne durch Magnetschalteinrichtungen die Stromrichtung automatisch so lange gewechselt werden, bis Depolarisation erreicht sei. Zum Schluß schreibt Hartkorn „...Erfolgt Umpolung zur Depolarisation, dann wird kurz vor der automatischen Umschaltung der Gasraum mittels Vakuumpumpen entleert und danach auf den Gegengasbehälter umgeschaltet, so daß in die beiden Gasbehälter immer nur entweder H_2 oder O_2 gelangen kann.
Zusätzlich können die im Gasraum – *nicht die im Elektrolyt eingetauchten*; *d. V.* – befindlichen Elektroden mit Hochspannung von hoher Frequenz versorgt werden, um auf diese Weise abermals eine Leistungssteigerung bei der Erzeugung von H_2 zu erreichen.

Das in seinen wesentlichen Teilen hier beschriebene Verfahren wird auch bei genauem Studium der Patentschrift dem technisch versierten Laien nur schwer klar werden, denn auch die dem Patent beigefügten Zeichnungen verdeutlichen die einzelnen Abläufe nicht hinreichend.

Nur soviel ist klar:
Hier handelt es sich um eine Weiterentwicklung der allgemein bekannten Elektrolyse und damit um ein Verfahren, das der von Stanley Meyer patentierten Methode der weiterentwickelten Wasserspaltung ähnelt (Einsatz von Hochspannung und hoher Frequenz); d. V.

Technologische Bedeutung und Wert der Patente

Wenn man die verschiedenen Patente miteinander vergleicht, die wir beschrieben haben, so erkennt man daraus unschwer auch die unterschiedlichen Bedeutungsstufen von Patenten. Manche Patente sind lediglich Ideen im Sinne allgemein gehaltener Vorschläge von mehr oder weniger technisch denkenden Laien, während andere den Anspruch wirklicher Neuheiten erfüllen und in der Qualität ihrer detaillierten Ausführung zeigen, daß dahinter ein forschender und experimentierender Geist stand. Das muß aber nicht immer ein studierter Akademiker sein. Oft waren es autodidaktisch arbeitende Außenseiter, die die wirklichen Fortschritte erbracht haben, wie wir es in diesem Buche aufzuzeigen versuchen. Ein besonderes Problem bei der Patentbeurteilung betrifft die sprachliche Gewandtheit der Erfinder. Ist diese nicht so gut entwickelt, schleichen sich Fehler in der Ausdrucksweise ein, und der Leser sowie auch die Patentbehörde wissen dann nicht genau, was gemeint ist. Die Funktionsweise läßt sich dann möglicherweise nur aus mitgelieferten Zeichnungen (wenn vorhanden!) ablesen bzw. durch einen praktischen Nachbau verifizieren.

Kapitel 6

Die Firma BEST Korea

Wir wollen nun an dieser Stelle auf die Erfolgsgeschichte einer Firma eingehen, die Browns Gas – oder hier bei BEST Korea Browngas genannt – aus seinem Dornröschenschlaf erweckt hat, den es in einem Vorort von Sydney (Australien) seit 20 Jahren gehalten hatte. Im Kapitel über Yull Brown hat der Leser schon ein wenig davon erfahren.

Die Geschichte der Herstellung und der Anwendung von Browns Gas zeigen einmal mehr, wie eine umwälzende Erfindung bzw. Entdeckung in einem Zustand des zeitlichen Stillstands verharrt, wenn mächtige Interessen, Einschüchterungen und Drohungen dem entgegenstehen. Normalerweise wäre eine solche Neuheit innerhalb weniger Monate in aller Munde gewesen, Presse und Funk hätten ständig Berichte gebracht, und im Nu wäre daraus etwas Großes und Bekanntes entstanden.

Kim, Sang Nam (BEST Korea)

Meist sind Erfinder nun aber nicht aus dem Holz geschnitzt, daß sie sich mit ihrer Sache gewissermaßen über Stock und Stein und unter Einsatz ihrer Gesundheit, ihrer Nerven und vielleicht sogar ihres Lebens nach vorne kämpfen, sondern sich mehr dem Denken und Verbessern, dem Ausprobieren und Kombinieren und dem Suchen nach Anwendungsmöglichkeiten hingeben. Sie brauchen dann einen energischen, zielstrebigen und erfolgsbewußten Partner, der sich die Sache zu eigen macht und gewissermaßen als ökonomischer Geburtshelfer arbeitet. Es braucht sowohl ökonomischen Sachverstand als auch geschäftliches Durchsetzungsvermögen, ein Patent oder eine Erfindung zu einem Erfolg werden zu lassen. Das Verharren im herkömmlichen Denken, mangelndes visionäres

Streben, wirtschaftliche Unfähigkeit, Angst vor Konkurrenz und Gewinnnachteilen bewirken dagegen oft, daß etwas Neues nicht in den Markt gelangt.

So dauerte es von 1971, dem Jahr der Entdeckung des Gases, bis 1991, daß sich mit Browns Gas etwas Entscheidendes tat, als nämlich Kim Sang Nam aus Korea den Erfinder Yull Brown in Sydney aufsuchte, von dessen Arbeiten er gehört hatte. Wasserstoff-Sauerstoff-Gas bzw. Energieerzeugung aus Wasser, das hörte sich irgendwie verlockend an, unverbraucht und voll von technischem Potential. Kim Sang Nam jedenfalls sah drin eine echte Chance.

Und dann das Unglaubliche dieses Gases!

Yull Brown gewann tatsächlich Energie aus Leitungswasser! So war es. Aber das konnte niemand glauben. So etwas konnte nicht funktionieren! Daß es dann aber doch so einfach ist, zumindest wenn man das Prinzip der Elektrolyse, auch Hydrolyse genannt, verstanden hat, das machte die Sache praktikabel und sympathisch. Und obendrein war es relativ ungefährlich, wenn man von einigen wenigen Sicherheitsvorkehrungen absieht, was z. B. die Flammenrückschlagsicherung betrifft. Browns Gas, so wurde es erst später genannt, war zwar eine Neuentdeckung, im Prinzip aber war so etwas Ähnliches in der chemischen Wissenschaft seit über 100 Jahren bekannt, in Deutschland unter dem gefährlich klingenden Namen „Knallgas".

Um es hier noch einmal klar zu sagen...

Der große Unterschied zwischen Knallgas und Browns Gas ist die Tatsache, daß Browns Gas mit seinem eigenen, aus der chemischen Verbindung H_2O – oder das Ganze multipliziert mit 2 – also 2 H_2 + O_2 stammenden Sauerstoff verbrennt, während Knallgas mit dem Sauerstoff der umgebenden Luft verbrennt. Das ist ein kleiner, aber bedeutender Unterschied.

Brown hatte nun zunächst nur die Knallgas/Wasserstoff/ Sauerstoff-Forschung aus der Ecke der verstaubten und ungenutzten Ladenhüter geholt und sich eingehend damit beschäftigt. Man liest, daß ihm die Idee zur elektrolytischen Gewinnung seines Mischgases durch Jules Vernes prophetische Äußerung gekommen sei, daß in Zukunft Wasser zu Feuer umgewandelt werden und man sich mit dieser Energie sogar fortbewegen würde (Jules Verne: „Die geheimnisvolle Insel").

Sich mit etwas zu beschäftigen, was einem in kurzer Zeit eventuell um die Ohren fliegt, das war gewiß nicht jedermanns Sache. Yull Browns Sache aber war es. Und so experimentierte er still vor sich hin, nicht ahnend, daß die Welt für die Entdeckung der einfachen Herstellung und vielseitigen Verwendung dieses Gases noch nicht bereit war.

Am 16. Januar 1977 schrieb der Sydneyer „Sunday Telegraph" eine Meldung über einen Erfinder aus dem Stadtteil Auburn, die wir weiter oben schon erwähnt hatten.
Darin stand nicht nur, daß er von potentiellen Aufkäufern seiner Idee über ein Dutzend Angebote bekam und diese alle ablehnte, sondern auch, warum er dies tat. Er hatte seine Erfindung im Bereich Schweißen und Schneidbrennen, die dem allseits bekannten Azetylengasbrenner durchaus ähnlich war, zu Ende konstruiert und dabei bewiesen, daß seine Geräte 30 mal billiger waren als die konventionellen und die Flammentemperatur dabei noch sieben mal heißer. Außerdem hatte er ein Unternehmen gegründet, das für die Marktreife der Erfindung mehr als 650.000 Dollar ausgegeben hatte. Und das Ganze hatte während der vergangenen sieben Jahre (1970-77) in seiner Hinterhofwerkstatt Gestalt angenommen.

Brown sagte zu diesem Zeitpunkt:
„Ich werde keiner großen Firma irgendetwas verkaufen, denn sie sind alle gleich und wollen nur ihre eigenen Interessen wahrnehmen. ...vor mir hatten auch schon Leute ähnliche Ideen,

die sie dann verkauft haben, und seitdem hat man von diesen Erfindungen nichts mehr gehört."

Und von den Leuten ebenfalls nichts...; d. V.

Da steckt schon ein Stück Wahrheit drin, wenn wir in die Geschichte der von Kapital und Marktbeherrschung geprägten industriellen Verwertung zurückblicken. Patente werden oft von großen Firmen aufgekauft, in die Schublade bzw. den hauseigenen Tresor gesteckt und schmoren darin ungenutzt weiter. Damit hat man sich einen lästigen Konkurrenten vom Hals geschafft. Brown äußerte sich dementsprechend laut „Sunday Telegraph" noch weiter:

„Ich weiß nicht, ob es die Amerikaner kaufen wollen, um es zu nutzen oder um es damit vom Markt zu nehmen und ihre Ölinteressen zu schützen...
...ich glaube, solange es noch einen Tropfen Öl in der Welt gibt, werden sie versuchen, alternative Energiequellen zu verhindern. Deshalb werde ich ihre Angebote auch ablehnen...
...Gesellschaften, die Benzin und industrielle Gase verkaufen, haben Millionen von Dollars in Produktionsanlagen und Stahlflaschen investiert – sie wollen nichts von einer Erfindung hören, die nur 10 Gallonen (ca. 45 Liter Wasser) benötigt, um daraus Gas für eine 6-wöchige Schweißarbeit oder den Betrieb eines Autos zu produzieren."

Brown erwähnte, er beabsichtige, in den darauffolgenden Monaten kommerzielle Modelle seines Schweißbrenners zu produzieren, während eine Firma in England dasselbe dort schon tue.

Hier kann nur die Firma BG Aquapower gemeint sein, von dessen Chef Andrew Coker Yull Brown persönlich aufgesucht worden war: d. V.

Brown hatte seine Erfindung bereits in 32 Ländern patentieren lassen und war mit der englischen Firma übereingekommen, daß diese ihm 500.000 Dollar für die Lizenzproduktion seines Schneidbrennverfahrens zahlt.

Mit britischen und europäischen Firmen wäre er bereit zu verhandeln, hieß es.

Wahrscheinlich befürchtete er bei diesen nicht, daß sie die Patente nur kassieren würden, ohne sie zu vermarkten.

Brown weiter:
„Nur eine einzige australische Firma ist seit meiner Veröffentlichung letzte Woche an mich herangetreten, aber ich wollte mir erst noch die anderen Dinge anschauen, die in dieser Firma stattfinden."

In einem Artikel des „Imagine Magazine" von Paul White aus dem Jahre 1988 wird beschrieben, daß Brown sogar ein Auto mit Wasser angetrieben habe.
An anderer Stelle erfährt man, daß es ein Mazda und ein Holden waren, die Brown mit dem neuen Wasserbrennstoff gefahren habe.

George Wiseman schreibt in seinem „Browns Gas Book 1", Brown habe einen Ford Prefect 8-Zylinder betrieben, der mit zwei Autobatterien für die Bord-Elektrolyse ausgerüstet war. Dessen Motor sei allein in seiner Werkstatt über 1000 Stunden lang im Standbetrieb gelaufen.

Als der Betrieb dieser Fahrzeuge mit Wasser bekannt wurde, soll es für Brown Probleme gegeben haben, die ihn veranlaßten, sich mit seiner Erfindung aus der Öffentlichkeit zurückzuziehen. Es habe sogar Angriffe auf sein Haus und sein Leben gegeben.

Damit wäre er nicht der erste, dem so etwas passiert ist; d. V.

Brown habe sich dann entschlossen, in einer anderen Richtung weiterzuforschen und sich der Schweißtechnik zugewandt.

Unter dem Firmennamen **B.E.S.T. Aust. Pty. Ltd.** habe er ein Unternehmen gegründet und revolutionäre Schweißgas-Generatoren in den Markt eingeführt, welche konventionelle Flaschengase vollkommen überflüssig machen und neben vielen anderen Anwendungen sogar ein Stück Stahl in perfekter molekularer Verbindung mit einem Ziegelstein verschweißen konnten.

Dies ist nachgewiesenermaßen möglich und seitdem in vielen Versuchen wiederholt worden; d. V.

Mit der neuen Firma habe er versucht, an die Sydneyer Börse zu gehen, um Kapital zu bekommen. Daraufhin wurde plötzlich eine üble Kampagne angezettelt, die das neue Produkt in seltsamen Telefonanrufen, die er bekam, diffamierte und mit angeblichen wissenschaftlichen Beweisen für einen Betrug drohte. Von diesen Vorgängen war der Börsenmakler Browns so schockiert, daß er das Vertrauen in das neue Projekt verlor und den Investoren alle eingezahlten Fondsgelder zurückgezahlt werden mußten.

Im Jahr 1988 wurde das Unternehmen erneut an der Börse angemeldet, und zwar durch die Initiative des schon genannten, begeisterten koreanischen Geschäftsmanns (Kim Sang Nam) und diesmal, ohne große öffentliche Aufgebrachtheit und Hetze hervorzurufen.

Jetzt, nach dem nun erfolgreichen Börsengang, kamen mehr und mehr Anfragen an Brown. Die größte Überraschung war Browns Behauptung, daß sein Gas nukleare und toxische Abfälle zu harmlosem Kohlenstoff umwandeln könne.

Wie ging es weiter?

Ein strebender Geist hört bekanntlich nie auf, er macht weiter und weiter, bis... ja ,bis er irgendwann darüber hinstirbt.

Brown aber hatte spätes Glück, er starb nicht darüber hin, er hatte seinen Geschäftspartner, den Koreaner, kennengelernt, womit wir bei der Firma **B.E.S.T. Korea** angekommen wären. Man vergleiche den alten mit dem neuen Firmennamen.

1991 (vorn: Yull Brown, hinten rechts: Kim Sang Nam)

Die Erfolgsgeschichte von Browngas bzw. Browns Gas hatte endlich ihren Anfang genommen.

Es war im Jahre 1991, als Vorstandschef Kim Sang Nam durch Vermittlung eines gewissen Robert Solomon den Erfinder Yull Brown kennen lernte. Da Kim Sang Nam von den vielversprechenden Möglichkeiten des Browns Gas überzeugt war, wie z. B. Implosion und thermonukleare Reaktion, flog er sofort nach Sydney. Er vertraute voll darauf, daß dies seine Geschäftsidee werden würde und gründete mit Brown die Firma B.E.S.T. Korea Ltd.

Zu der Zeit war Brown 69 Jahre alt und war immer noch sehr mit seiner Forschung beschäftigt. Verkauft hatte er bis dato aber noch nichts. Deshalb lag ein steiniger Weg vor ihnen, wenn sie beide zusammen praktisch von Null ein Unternehmen mit Browngas-Generatoren aufbauen wollten. Die schon bekannte Elektrolysetechnik trat zu der Zeit auf der Stelle. Es war das Vorurteil verbreitet, daß so etwas viel Strom verbraucht, sich nicht rechnet und die Gaserträge aus solchen Prozessen viel zu gering seien, um damit für längere Arbeitseinsätze zur Verfügung zu stehen.
Kim Sang Nam war davon überzeugt, daß dieser beklagenswerte Zustand überwunden werden mußte. Es mußte doch möglich sein, einen neuen, hochwirksamen Gasgenerator zu entwickeln. Dazu war es nötig, den Aufbau der Elektrolysezelle

technologisch aufzurüsten. Innerhalb von drei Jahren intensiver Entwicklungsarbeit gelang es ihm, ein neues Produkt auf die Beine zu stellen, die „protrusion style electrolytic cell“ (Elektrolytzelle mit hervorstehenden Elektroden). Diese besaß die notwendige hohe Effizienz. Die Effizienz wurde durch eine neuartige Luftkühlung erreicht, mit der die Elektroden gekühlt wurden. BEST Korea gewann damit den Preis des Premierministers auf der „2000 Korea Patent Technology Fair“ (Patent- und Neuheitenmesse) sowie den präsidialen Preis des 36. Erfindertages. Dieser Preis ist für seine hervorragende Wertschätzung bekannt.

Während seit 1995 der Verkauf der Browngas-Generatoren mit dieser neuartigen Zelle lief, arbeitete Kim Sang Nam an einer weiteren Erfindung, einer bauartstandardisierten Elektrolytzelle, die nach sieben Jahren Entwicklungsarbeit bereit stand, die Kapazität des Browngas-Generators weiter zu erhöhen.
Heute werden schlüsselfertige Browngas-Anlagen („Brown Gas Plant“) mit mehr als 500.000 l/h oder auch solche mit 100.000 l/h ausgeliefert. Zu den Kunden zählt u. a. auch die Weltfirma **Samsung**.

Darüber hinaus wurde mit dem „Brown Gas Combustion Device“ die neuartige Browngas-Heiztechnik mit Hilfe eines neuen Verbrennungskonzeptes verwirklicht. Die Entwicklung eines Browngas-Boilers, eines Heizofens und einer Schmelzanlage wurden mit deren Vervollständigung als Patente registriert. „Brown Gas Plant“ und „Brown Gas Combustion Device“ sind die beiden Hauptprodukte in den Anwendungsmöglichkeiten von Browngas. Während Kim Sang Nam mit diesen Forschungsarbeiten beschäftigt war, entdeckte er durch Zufall das Phänomen, das Wasser brennen konnte. In der Patentschrift „Brown Gas Heating Furnace made of Mineral Stone“ (US-Pat. 6,397,834) wurde das Phänomen beschrieben und als Technik patentiert. Nachdem er diese Naturgesetzlichkeit entdeckt hatte, erfand er einen Apparat zur Energieerzeugung mit Hilfe zyklischer Verbrennung von Browngas (US-Pat. 6,443,725), der die Fachwelt in Erstaunen

versetzte. In der Folge wurde ein weiteres Gerät entwickelt, ein Heizapparat, der die thermische Reaktion von Browngas nutzt (US-Pat. 6,761,558). Viele Dinge mehr auf Browngasbasis entstanden.
Insgesamt besitzt Kim Sang Nam nun 155 industrielle Besitzrechte, davon 76 Patente und 53 Gebrauchsmuster. Heute wird die Kombination der beiden oben genannten Hauptprodukte unter dem Namen „WE System“ (Water Energy System) zusammengefaßt.

Nach 170 Jahren Elektrolysetechnik seit Faraday war es gelungen, Wasser als Brennstoff zu vermarkten. Dieses Verdienst gebührt neben Yull Brown dem Vorstandschef Kim Sang Nam. Er war stolz, damit das 21. Jahrhundert zum Zeitalter der Wasserenergie erklären zu können.

Rückblickend kann festgestellt werden:

Als Professor Yull Brown 1971 die Mischung von Sauerstoff und Wasserstoff aus der Wasserelektrolyse „Brown's Gas“ nannte, konnte er der Welt berichten, daß diesem Gas bei seiner Oxidation ein Implosionsphänomen zu eigen ist und daß dieses Gas einzigartige Eigenschaften besitzt.
Aber niemand außer Kim Sang Nam wollte davon etwas wissen! Kim Sang Nam aus Korea aber hatte verstanden... und die Bedeutung der Implosion erkannt. Darauf bauten alle seine weiteren Erfindungen auf.

Kapitel 7

Konstrukteure sogenannter Wasserautos

Stanley Meyer

(nach: http://en.allexperts.com)

Die „Sunday Times" brachte am 1. Dezember 1996 folgende Notiz:

Die Wasserbrennstoffzelle (Water Fuel Cell)

Die Wasserbrennstoffzelle ist ein „Perpetuum-mobile"-Gerät, von dem man annimmt, daß es durch die Spaltung von Wasser in Wasserstoff und Sauerstoff funktioniert, wozu man weniger Energie benötigt, als in der chemischen Bindung vorhanden ist. Diese Wasserbrennstoffzelle soll sogar das Mehrfache von der Energie produzieren, die sie selbst verbraucht (beispielsweise dadurch, daß man sie mit einem Motor verbindet, der den Wasserstoff dann wieder in Wasser zurückoxidiert *(verbrennt)*). Es wurde ein Autoprototyp erstellt, der durch ein solche Zelle angetrieben wurde.

Da dieses Konzept möglicherweise den ersten Hauptsatz der Thermodynamik

- die gesamte Energie eines thermodynamischen Systems bleibt konstant, auch wenn sie von einer Form in eine andere übertragen werden kann –

verletzt und dieser Apparat niemals vorgeführt worden und auch nie reproduziert worden ist *(das ist nachweislich falsch; d.*

V.) wurde es mit großer Skepsis aufgenommen und später als Falschmeldung entlarvt.

Der Grund dieser Falschmeldung war wohl, leichtgläubige Investoren anzulocken und ihnen Lizenzrechte für eine „revolutionäre Technologie" zu verkaufen. Der Erfinder, Herr Stanley Meyer (gestorben am 21. März 1998, „Unbegrenzte Energie", 19 Seiten, 1998) wurde später erfolgreich von einigen verärgerten Investoren verklagt, denen er Verträge verkauft hatte, und wegen „grob-fahrlässigen und ungeheuerlichen Betruges" verurteilt.
aus: „Wireless World" und "Electronics World" (Januar 1991)

Weiter schreibt das Magazin sinngemäß:

Konstruktion

Von 1989 an wurden für Stanley Meyer in den USA und in Übersee Patente eingetragen. Patente aber sind nicht gleichbedeutend mit einer qualifizierten Nachprüfung und berücksichtigen nicht, daß die Ergebnisse von unabhängiger Seite bestätigt und reproduziert worden sind.
Das ist nach unseren Informationen auch falsch, da in diesem Fall Meyers Erfindung auf Grund der besonderen Patentklasse den Behörden praktisch demonstriert wurde (s. u.); d. V.

Die (*Meyers*) Wasserbrennstoffzelle besteht aus einer Reihe von Edelstahlplatten, die zu einem elektrischen Kondensator zusammengeschaltet sind. Als Elektrolyt kommt reines Wasser zur Anwendung.
Gleichstromimpulse in Form einer ansteigenden Treppe werden mit einer Frequenz von etwa 42 kHz durch die Platten geschickt. Meyer behauptet, daß durch diesen Vorgang die Wassermoleküle schon mit weniger an direkt zugeführter Energie auseinanderbrechen, als dies bei einer normalen Elektrolyse der Fall wäre.

„Wireless World“ kommentiert dazu, der Mechanismus dieser Reaktion sei nicht dokumentiert *(falsch; d. V.)* und stehe im Widerspruch zum ersten Hauptsatz der Thermodynamik.*(!)*

Anmerkung:
Das gilt lediglich für alle geschlossenen Systeme. Meyers Wasser-Brennstoff-Gerät aber ist als Teil eines (globalen), offenen Systems anzusehen (s. u.); d. V.

Meyer habe sein Brennstoffzellengerät Professor Michael Laughton, dem Dekan der Ingenieurwissenschaften am Queen Mary College London, Admiral Sir Anthony **Griffin**, einem früheren Controller der British Navy *(s.u.)* und Dr. Keith Hindley, einem Chemieforscher Großbritanniens, vorgestellt.

Nach Angaben dieser Zeugen sei das Überraschendste an der Meyer-Zelle, daß sie kalt bleibt und auch nach mehrstündiger Gasproduktion noch im Milliampere-Bereich arbeitet, wenn man einmal die hohen Amperezahlen bedenkt, die konventionelle Elektrolysegeräte brauchen.

Die Zeugen stellten laut Magazin „Wireless World“ fest:
„Nach stundenlanger Diskussion, die wir miteinander hatten, kamen wir zu dem Schluß, daß Stan Meyer eine total neue Methode zur Wasserspaltung entdeckt zu haben schien, die nur wenige Merkmale der klassischen Elektrolyse zeigt. Die Bestätigung dafür, daß seine Geräte wirklich funktionieren, kommt aus der Reihe seiner US-Patente zu den verschiedenen Teilen der Wasserbrennstoffzelle.“

„Weil sie unter der Sektion 101 des US-Patentamtes gewährt wurden, sind die Geräte-Prototypen von Experten des US-Patentamtes und ihren Mitarbeitern experimentell überprüft und alle die Schutzansprüche ausgesprochen worden.“

Weiter schreibt das Magazin:

„Die Behauptung bezüglich des geringen Stromverbrauchs erscheine jedoch etwas merkwürdig, da mit dem Amperemeter die hineinfließende Elektronenladung mit ihrer feststehenden Ladungsmenge gemessen wird. Da nach dem Naturgesetz die Ladungsmenge, die zwischen den Elektroden fließt, um das Wasser zu spalten, mit 2 Farad pro Mol Wasser (ungefähr 10700 Coulomb pro Gramm) feststeht, könnte sich deshalb eine Verringerung der für die Wasserspaltung erforderlichen Energie nur in Form einer Verringerung der Spannung auswirken."
Weiter schreibt „Wireless World", es solle noch darauf hingewiesen werden, daß weder Meyer selbst, noch Laughton, Griffin oder Hindley irgendeine qualifizierte Untersuchung in der wissenschaftlichen Literatur veröffentlicht haben (soweit sie auf „Science Direct" überprüft werden kann), was sich nachteilig auf deren Glaubwürdigkeit auswirkt. Herr Laughton hätte lediglich eine allgemeine Zusammenfassung über „Kombination von Hitze und Kraft" im „Journal of Applied Energy" geschrieben, habe aber keine echten Forschungsergebnisse dargestellt."

Unglaublich, aber „Wireless World" nimmt die akdemisch gebildeten Naturwissenschaftler nicht ernst...; d. V.

An anderer Stelle (www.rexresearch.com/ &KeelyNet, wiedergegeben auf www.brownsgas.com) erfahren wir folgende Version:

Meyers Wasserbrennstoff-Wagen

„Er läuft mit Wasser" – so ist ein Video betitelt, daß Stanley Meyer zeigt, wie er die Wasserbrennstoffzelle in einem Auto demonstriert. Meyer behauptet, daß er einen 1,6-Liter-Volkswagen „Dune Buggy" mit Wasser statt mit Benzin betreiben konnte. Er ersetzte die Zündkerzen durch „Injektoren", die einen feinen Nebel in die Zylinder sprühen, von dem er behauptet, er (der Nebel) hätte eine auf einer Resonanzfrequenz liegende elektrische Ladung. Die Brennstoffzelle würde das Wasser in Wasserstoff-

und Sauerstoffgas aufspalten, wobei der Wasserstoff in einer konventionellen Wasserstoffmaschine zu Wasserdunst zurückverbrannt würde, um daraus Nettoenergie zu produzieren.

Schätzungen zeigten, daß nur 22 US-Gallonen (ca. 90 Liter, d. Übers.) Wasser erforderlich waren, um von der einen Küste der USA zur anderen zu fahren. Meyer demonstrierte sein Fahrzeug auch vor der lokalen Nachrichtenstation „Action 6 News" seines Wohnortes. Darüber kann auch ein Video im Netz gesehen werden.

Das Fahrzeug versagte aber während einer Demonstration bei einem Gerichtstermin im Jahre 1990. Ein Gericht in Ohio befand damit Stanley Meyer in einem Prozeß, den verärgerte Investoren angestrengt hatten, des grob-fahrlässigen und ungeheuerlichen Betruges für schuldig. Das Gericht stellte fest, daß das Herzstück seines Autos, die Wasserbrennstoffzelle, ein ganz gewöhnliches Elektrolysegerät ist und verurteilte ihn zur Rückzahlung von US-$ 25.000 an die Investoren.

Stanley Meyers Patente

- Prozeß und Apparat für die Herstellung von Brennstoffgas und gesteigerter Ausstoß von thermischer Energie aus einem solchen Gas.
- Methode zur Herstellung eines Brennstoff-Gases
- Kontrollierter Prozeß zur Herstellung von thermischer Energie aus Gasen und dazu geeigneter Apparat
- elektrische Spannungskontrolle für den Gasgenerator
- elektrischer Impulsgenerator
- Gas-elektrischer Wasserstoff-Generator
- Einschalt- und Ausschaltvorrichtung für einen Wasserstoffbrenner
- Wasserstoffbrenner
- Wasserstoff-Einspritzsystem für einen Verbrennungsmotor

Achtung: Der Begriff „fuel cell water capacitor“ (Brennstoffzellen-Wasser**kondensator**) zeigt, daß es sich hier um eine Methode mit Resonanzfrequenz im Ultraschallbereich handelt, so wie es Meyer auch beschrieben hat. Ein Kondensator ist ein Bauteil aus dem Bereich der Elektronik. Hier ist also kein „Kondensieren von Wasser“ im chemischen Sinne gemeint.

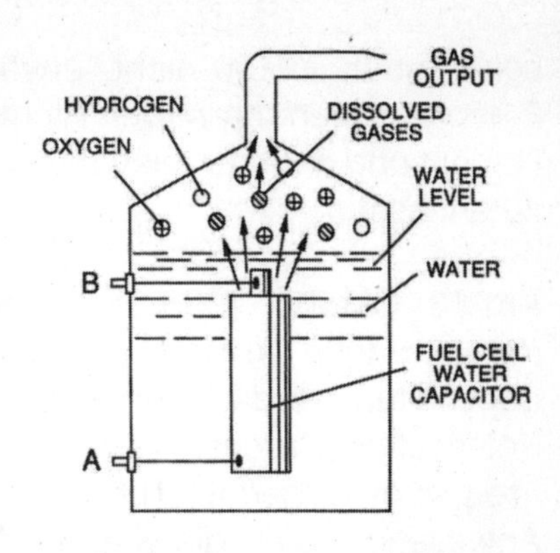

Meyers Wasserbrennstoffzelle

Erläuterung zur Schemazeichnung:
gas output (Gasauslaß), dissolved gases (zerlegte Gase), water level (Wasserstand)

Zum Betrugsvorwurf veröffentlicht die „London Sunday Times“ vom 1. Dezember 1996 einen Artikel mit der Überschrift „Ende der Straße für das wasserbetriebene Auto“, geschrieben von Tony Edwards.
Darin stützt Edwards den Gerichtsbeschluß und stellt fest, daß drei „Experten-Zeugen“ nicht beeindruckt waren und zu der Auffassung kamen, daß die Wasserbrennstoffzelle (WFC) simple gebräuchliche Elektrolysetechnik benutzt. Meyer sei des Betrugs für schuldig befunden und zur Rückzahlung von US-$ 25.000 verurteilt worden. Der Fall impliziere auch, daß Michael Laughton, Professor für Elektroingenieurwesen, den Wagen prüfen sollte, ihm dies aber nicht gestattet wurde. Es sei noch nicht erwähnt worden, daß sich all dies schon 1990 ereignet hätte und die technologische Begründung der WFC-Einspritzanlage noch **der US-nationalen Sicherheitsüberprüfung** unterlag, wie es im Patentrecht geregelt ist, und deshalb nicht für die Öffentlichkeit zugänglich war.

Die vielen WFC-Patente und verifizierten Labor- und Universitätstests, die die Basis der WFC-Technologie darstellen, seien auch noch nicht erwähnt worden, ebenso nicht das Einspruchsverfahren, den Richter C. wegen Nichterscheinens vor Gericht und anderer relevanter Informationen aus der Verhandlung zu entlassen.

Am 18. Oktober 1995 wurde eine Anhörung zur Vorverhandlung der Aussagen im Büro des Anwaltes der Klägerseite, Robert J., abgehalten, um die Demonstrationsgeräte (Variable-Plate Electrical Polarization Process (VIC) Fuel Cell and Rotary Pulse Voltage Frequency Generator Tubular-Array Fuel Cell) näher zu inspizieren. Anwesend waren die Kläger, deren Anwälte, der Expertenzeuge der Kläger namens Michael L. (Elektronikingenieur), Stan Meyer, Dr. Russel F., der WFC Zeuge und Verteidiger Roger H. und James D., wie auch ein Aufnahmegerät für die gemachten Aussagen. Während der Vernehmung versuchte der Anwalt J., die WFC (Water Fuel Cell) vor dem Beginn der ordnungsgemäßen Testprozedur zerlegen zu lassen, womit Stan Meyer nicht einverstanden war. Michael Leverich bestätigte, daß seine anfänglichen Meßergebnisse an der WFC zeigten, daß diese exakt so funktionierte, wie es in der Dokumentation angegeben und wie es in dem WFC-Protokollvideo aufgenommen worden war. Dennoch fügte er nun eine unbekannte weiße Substanz (Pulver) für zusätzliche Tests hinzu. Stan protestierte dagegen, da die WFC (Water Fuel Cell) mit reinem Leitungswasser arbeite und keine chemischen Additive benötige. Sogar die Kläger gaben zu, daß während ihrer Anwesenheit bei den WFC-Händler-Seminaren immer Leitungswasser ohne jeden chemischen Zusatz verwendet wurde.
Trotz Stans Protest wurden dann aber Messungen der Klägerpartei an dem nun chemisch angereicherten Wasserbad vorgenommen und im Protokoll festgehalten. Dieser Akt der Verfälschung der WFC-Beweisaufnahme wurde vom WFC-Kameramann Dr. Russel F. sowie auch allen anderen, die bei der Anhörung der Kläger anwesend waren, bezeugt.

1996 sagte Stan Meyer vor Gericht mündlich aus und erklärte, wie die WFC zu handhaben sei, daß man nämlich

eine Schaltung zur elektrischen Spannungsintensivierung benutzt, um eine Spannung gegensätzlicher Polarität zu bekommen, um dann damit die Wassermoleküle in ihre Gaskomponenten Wasserstoff und Sauerstoff zu zerlegen. Aber das Tonaufnahmegerät des Gerichts schien nicht zu funktionieren und wurde einfach abgeschaltet. Der Richter C. sagte, man solle ohne dieses Gerät im Prozeß weitermachen. Dies bedeutete jedoch eine Verletzung des gerichtlichen Vorgehens, denn das Aufnahmegerät wird zur Verifizierung der Zeugenaussagen während des Verfahrens benutzt und wird damit selbst zum Beweismittel. Nachdem Stan mündlich ausgesagt hatte, erwartete er, daß sein Verteidiger H. nun damit anfangen werde, WFC-Zeugen und Gegenreden zu Wort kommen zu lassen. Stattdessen sprach H. plötzlich in lautem Ton, daß er wegen eines zuvor geplanten Urlaubs die Verhandlung verlassen müsse und sagte, daß keine weiteren Zeugenaussagen mehr zu machen seien. Er verzichtete auf das Recht der Verteidigung, eine Zusammenfassung der Fakten zur WFC zu geben, die dem Gericht vorgelegt worden waren.
Stan Meyer äußerte daraufhin sofort Protest, und Richter C. beendete die Anhörung. Stan schickte daraufhin am 2. Dezember 1996 einen Faxbrief mit einem „Antrag auf Widerruf" an die „Sunday Times". Er fügte die WFC-Dokumentation für die Akten eines Disziplinargerichts bei. Weiterhin führte er aus, daß der Richter C. kein Recht dazu hätte, das gerichtseigene Tonaufnahmegerät auszuschalten und auch kein Recht, sich über das US-Patentrecht oder über die Regierung und die öffentlich gemachten Laborberichte hinwegzusetzen, die die Handhabung der WFC-Technik betreffen. Darüber hinaus wies er darauf hin, daß nie eine US-bundesstaatliche Unterlassungsanordnung gegen die WFC ausgesprochen worden sei, da die WFC-Technik unter dem US-Patentsicherheitsgesetz Nr. 35 USC 101 und anderen US-Reglements vollständig gesetzlich anerkannt worden sei. Seine letzte Feststellung war, daß „die WFC da ist, um auch da zu bleiben" – im Gegensatz zum Statement der „Sunday Times" (s. o.).

Später wurde eine fiktive TV-Serie unter dem Titel **„The Lone Gunmen“** (aus den „X-Files“ = deutsch: Akte X) produziert, die auf Stan Meyer und seinem Wasserauto beruhte.

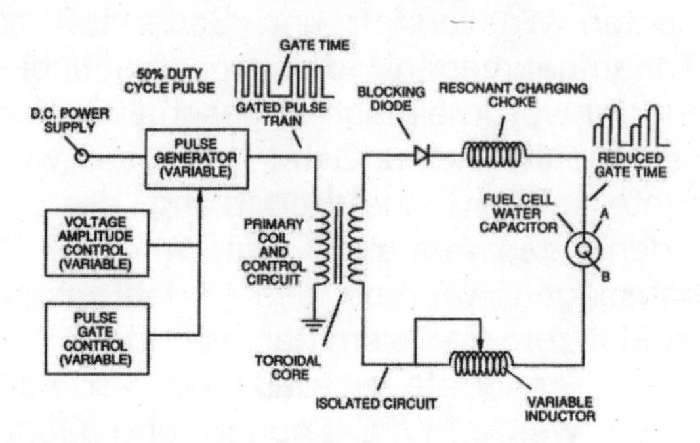

Blockschaltbild des Frequenzgenerators für die Wasserspaltung nach Meyer

Zu der oben rechts abgebildeten Wasserbrennstoffzelle nach Meyer:

Auf übersetzte Begriffe verzichten wir, da dies für unsere elektrotechnisch weniger versierten Leser wahrscheinlich nicht so interessant ist.

Das Bild soll nur zeigen, daß Meyer vor allem elektronische Methoden benutzte, um die Wasser-Brennstoff-Gewinnung (Browns Gas!) um ein Vielfaches effizienter zu machen.

Bei www.projectcamelot.net erfährt man noch mehr: (Zusammenfassung)

Das Schicksal des Stanley Meyer

Stanley Meyer war ein Außenseiter-Erfinder, der ein Auto konstruierte, das nur mit Wasser lief. Er demonstrierte dies

an einem VW-Dune-Buggy (Käfer-Strandwagen) mit einer wasserbetriebenen Maschine. Sein revolutionärer Wagen wurde viele Male im Film und Fernsehen gezeigt.
Das Prinzip beruht darauf, daß die atomare Struktur von Wasser dieses zu einer perfekten Brennstoffquelle macht. Das Wassermolekül ist aus zwei Wasserstoffatomen (2H) und einem Sauerstoffmolekül (O) aufgebaut. Wenn man dieses Molekül in seine Komponenten H und O trennt und als Brennstoff verbrennt, ist das Ergebnis eine zweieinhalb mal stärkere Energie als die von Benzin. Das Nebenprodukt der Verbrennung ist reiner Wasserdampf – mehr nicht.
In der bisherigen Forschung war das Problem immer, wie man Wasser auf ökonomische Art zerlegt. Die traditionellen Methoden, die atomare Bindung des Wassermoleküls aufzubrechen, führten zu keinem Ergebnis. Um ein Auto mit den bekannten Methoden anzutreiben, würde man keine großen Reichweiten erzielen, denn das elektrische System (die Lichtmaschine) würde nicht schnell genug ausreichende elektrische Ladungsmengen erzeugen können und somit die Batterie des Fahrzeugs leeren.
Nach dreißigjähriger Forschung entdeckte Meyer nun eine brauchbare Methode, die Wasserstoffelektrolyse im Fahrzeug durchzuführen, in dem er eine Maschine baute, die mit 1 Gallone (ca. 4 Liter) Wasser auf 100 Meilen (160 km) auskam.
Meyer ist daraufhin mitgeteilt worden, das Militär plane, seine Technologie in seinen Panzern und Jeeps zu verwenden. Er hatte Patente auf seine Erfindungen angemeldet und die Produktion stand bevor. Er berichtete auch, daß ihm eine Billion (1 Milliarde) Dollar von einem Araber geboten worden sei, um seine Idee aufzukaufen, aber er hatte abgelehnt.

An anderer Stelle finden wir folgendes:

Nachdem er seine Water Fuel Cell entwickelt hatte, machte Meyer weiter. Anstelle der früheren Aufspaltung des Wassermoleküls zu Hydroxy-Gas (HHO, Browns Gas), ging er dazu über, als Treibstoff feine Wassertröpfchen in den Motor einzuspritzen. Ob diese anschließend im Motor zu Wasserdampf oder aber zu Hydroxy-Gas bzw. zu Browns Gas umgewandelt wurden, darüber ist nichts bekannt. Seine Preisvorstellung für dieses Bausatz-Konzept lag bei US-$ 1500. Darin wird Energie aus UV-Lasern in das Wasser gepumpt, während dieses durch transparente Röhren fließt.

Dann aber passierte etwas Unerwartetes.

Meyer starb ganz plötzlich am 27. März 1998 im Alter von 57 Jahren während eines Abendessens in einem Restaurant in seinem Wohnort Grove City/Ohio, nachdem er aufgestanden und auf den Parkplatz hinausgelaufen war. Meyer lief aus dem Restaurant und schrie laut, daß man ihn vergiftet habe. Kurz danach verstarb er.

Bei www.waterpoweredcar.com erfährt man:

Kurze Zeit später *(nach seinem Tod)* erschienen „Haie" auf der Bildfläche und stahlen offensichtlich seinen Wagen , den wassergetriebenen Dune Buggy sowie alle seine experimentellen Gerätschaften, wie uns Stans Bruder Stephan mitteilte. Dann aber erfuhren wir, daß Stans Freund Ted Holbrook alle technische Ausrüstung seines Bruders an sich genommen und vor dem Zugriff der „Haie" bewahrt hatte. Als Holbrook 2007 verstarb, verkauften seine Witwe oder deren Verwandte den Buggy an die Organisation AERO2012, die sich um fortgeschrittene Technologie kümmert.
Zu Lebzeiten hatte Stan mitgeteilt, daß er viele Male bedroht worden sei und nichts an die arabischen Ölgesellschaften verkaufen würde. Stattdessen benutze das Militär seine Technologie für Panzer, Jeeps etc. Er besaß ja Patente auf seine Erfindungen und stand kurz vor der Serienproduktion. Stan brachte klar zum Ausdruck, daß seine Technik für die Bürger gedacht sei, für niemand anderen. Es wird dann noch erwähnt, daß die US-Regierung mit dem Energieministerium in die Ölindustrie verstrickt sei und daß man, statt direkt Energie aus der Wasserspaltung zu erzeugen, Wasserstoff für sogenannte

Brennstoffzellen aus Kohlenwasserstoffen (also aus Erdöl) herstellen wolle.

In einem **Internetvideo** wird Stan Meyers Wasserauto während einer Reportage des Sender „Action6News“ im laufenden Betrieb gezeigt und Stan Meyer am Steuer seines Dune Buggys spricht dazu. Zusätzlich gibt es noch einen zweiten Film mit einem Interview zu sehen.
(siehe www.waterpoweredcar.com/stanmeyer.html)

Bei www.brownsgas.com (nach http://www.rexresearch.com/ & KeelyNet)
bekommen wir Auszüge aus der Zeitschrift „Electronics World & Wireless World" (Januar 1991).
Danach berichten Augenzeugen, daß der US-Erfinder Stanley Meyer eine Elektrolytzelle mit weit weniger Energiebedarf als bei einer normalen Zelle entwickelt habe.
Dies wurde im Beisein von Prof. Michael Laughton vom Mary College in London, **Admiral Sir Anthony Griffin**, früherer Controller der Britischen Marine und Dr. Keith Hindley, einem britischen Chemiewissenschaftler, im Hause des Erfinders in Grove City (Ohio) demonstriert *(wie schon weiter oben beschrieben; d. V.)*.

Dieses Magazin aber gibt vorurteilsfrei wichtige Details wieder.

Wo andere Zellen im Amperebereich arbeiten, benötigt die Meyersche Zelle nur Milliamperes und erreicht das gleiche.
Meyers Zelle arbeitet mit reinem Leitungswasser, während andere Zellen zusätzliche Elektrolyte benötigen.

Das Bezeichnende seiner Erfindung ist, daß er eine hohe elektrische Spannung bei niedrigem Stromverbrauch einsetzt.

Die Elektroden der Zelle nennt er „excitors“ (exciters), also „Erreger“. Sie bestehen aus parallelen Platten aus Edelstahl, entweder flach oder konzentrisch *(also wie Röhren ineinandergesteckt; d. V.)*.

Die Gasproduktion scheint mit dem umgekehrten Abstand zu variieren *(d.h. je größer der Abstand, desto weniger Gas; d. V.)*. Im Patent sind 1,5 mm Abstand als Optimum angegeben.

Der wesentliche Unterschied liegt in der Stromversorgung der Zelle. Meyer benutzt eine externe Selbstinduktion (*elektrische Spule*), die offensichtlich mit der Kapazität der Zelle in Resonanz steht. Reines Wasser besitzt eine Dielektrizitätskonstante von ungefähr 5, um einen parallelen Resonanzkreis zu erzeugen. Dieser wird von einem Hochleistungs-Impuls erregt, der zusammen mit der Zellkapazität und einer Gleichrichterdiode, einen Ladungs-Pump-Schaltkreis bildet. Hochfrequenzimpulse bauen dann zwischen den Elektroden eine ansteigende Treppe im Gleichspannungspotential auf, bis ein Punkt erreicht ist, wo das Wassermolekül auseinander bricht und kurzzeitig ein hoher Strom fließt.

Die Kontrollschaltung (*eine elektronische Regelung; d. V.)* in der Stromversorgung registriert diesen Zusammenbruch und unterbricht dann den Impuls einige Zyklen lang, damit sich das Wasser „erholen" kann.

Dazu äußert sich nun einer der Zeugen, der Chemiker Keith Hindley, wie folgt:
„Nachdem wir einen Tag lang die Präsentation der Zelle verfolgt hatten, bezeugte das Griffin-Kommittee eine Reihe wichtiger Demonstrationen der ‚water fuel cell' (so nennt sie der Erfinder) wie folgt:

Eine Gruppe von Zeugen bestätigte, daß der US-Erfinder Stanley Meyer ganz normales Leitungswasser erfolgreich in seine Bestandteile zerlegte, in dem er eine Kombination aus hoher und gepulster Spannung bei durchschnittlichen Strömen im Milliamperebereich anwendete. Der beobachtete Gasausstoß reichte aus, um eine Wasserstoff-Sauerstoff-Flamme zu nähren, die in kürzester Zeit Stahl zum Schmelzen brachte.

Im Gegensatz zu der normalen Hochstrom-Elektrolyse berichteten die Zeugen, daß dabei keinerlei Hitze entstand. Meyer lehnte es allerdings ab, Einzelheiten zu verraten, mit deren Hilfe Wissenschaftler seine ‚water fuel cell' (WFC) kopieren könnten. Dennoch hat er dem US-Patentamt genügend Details zur Verfügung gestellt, um es davon zu überzeugen, daß seine Patentansprüche, betreffend die ‚Energiegewinnung aus Wasser', berechtigt sind.

Eine Demonstrationszelle war mit zwei parallelen Platten-‚Erregern' versehen. Als Leitungswasser in die Zelle gefüllt wurde, erzeugten die Platten bei sehr niedrigem Strombedarf Gas – es flossen nicht mehr als 100 Milliampere auf dem Amperemeter (was dem Patentanspruch Meyers entsprach). Die Gasproduktion stieg stetig an, wenn man die Platten enger zusammenschob und nahm ab, wenn sie wieder auseinandergezogen wurden. Die Gleichspannung wurde bei Beträgen von mehreren 10000 Volt gepulst.

Eine zweite Zelle enthielt neun Zelleinheiten aus Edelstahl-Doppelröhren und erzeugte noch viel mehr Gas. Es wurden eine Reihe von Fotos gemacht, die die Gasproduktion im Milliamperebereich zeigten. Als die Spannung dann bis auf ihren Spitzenwert hochgefahren wurde, brach der Gasausstoß plötzlich ab, nachdem er eine erstaunliche Höhe erreicht hatte."

Die Zeugen äußerten dazu:

„Wir bemerkten überdies, daß das Wasser am oberen Ende der Zelle sich langsam bleich-cremefarben verfärbte und dann sehr schnell dunkelbraun wurde, was mit Sicherheit auf den Chloranteil aus dem stark gechlorten Leitungswasser zurückging, der mit den als ‚Erreger' arbeitenden Edelstahlröhren chemisch reagierte.
Das Überraschendste an der Sache war aber, daß die WFC sowie alle damit verbundenen Metallrohre völlig kalt blieben, auch nach mehr als 20-minütigem Betrieb."

Dieser Spaltungsmechanismus erzeugt ganz eindeutig wenig Hitze, was in scharfem Gegensatz zur herkömmlichen Elektrolyse steht; d. V.

„Die Ergebnisse zeigen offensichtlich eine effiziente und kontrollierbare Gasproduktion, die bei Bedarf schnell zur Verfügung steht und dennoch sicher in der Anwendung ist. Wir sahen ganz klar, wie man mit der Zunahme und der Abnahme der Spannung die Gasproduktion steuern kann. Wir sahen auch, wie die Gaserzeugung abbrach und dann sofort wieder begann, als die Spannungszufuhr zuerst ausgeschaltet und dann wieder eingeschaltet wurde.

Nach stundenlangen Diskussionen, die wir miteinander führten, kamen wir zu dem Schluß, daß Stan Meyer eine völlig neue Methode der Wasserspaltung entdeckt zu haben schien, die nur wenig mit der klassischen Methode gemein hat."
Die Bestätigung dafür sieht man in der Reihe seiner US-Patente zu verschiedenen Teilen seines WFC-Systems.

Um die *Seriosität von Stanley Meyers Erfindung* noch einmal zu untermauern, gehen wir jetzt zusammenfassend auf einen hochinteressanten eigenen Vortrag des zuvor schon erwähnten Zeugen, des Engländers **Admiral Sir Anthony Griffin,** ein (aus: www.aero2012.com).
Dieser war 42 Jahre lang Berufsoffizier der Royal Navy, von denen er die letzten fünf Jahre als Controller der Navy für die Entwicklung und den Bau aller neuen Schiffstypen, U-Boote, Flugzeuge und Waffen verantwortlich war. Nach seinem Ausscheiden aus der Marine folgten weitere hohe Ämter und Ehrenämter.

Damit wollen wir nur sagen, daß die im folgenden getroffenen Aussagen nicht von irgendjemand Unbekanntem kommen, was sicherlich ein Licht auf die Seriosität der Aussagen wirft.

*Wir fassen einen Vortrag zusammen, den er im **September 1993** vor der „Maritime Division of the Southampton Institute, Warsash, UK“ hielt. Er wurde im Rahmen eines Symposiums über den Einfluß neuer Technologien auf die Marineindustrie gehalten.*

Worum geht es?

Griffin beschreibt kurz die bedrohliche Situation der begrenzt vorhandenen und verschmutzenden fossilen Brennstoffe sowie die Unwirtschaftlichkeit der anderen noch verbleibenden Energiequellen. Ohne weitere Umschweife benennt er nun Wasser als alternative unerschöpfliche Energiequelle, die zudem keinen der bereits angedeuteten Nachteile aufweist. Auch hinsichtlich des ersten und zweiten Gesetzes der Thermodynamik gäbe es keine Probleme. Es würde am praktischen Beispiel gezeigt, daß es hier um eine revolutionäre Entwicklung geht, bei der Schiffe in ihrem eigenen Brennstoff schwimmen, unabhängig von Speicherung und Umgebungsluft.
Das Ganze habe aber noch viele weitere Anwendungsmöglichkeiten.

Einführung

Schon 1972 suchte die Navy nach Auswegen aus der Brennstoffknappheit für ihre Flotte. Als einzige Möglichkeit blieben nur Wasserstoff oder Kernfusion übrig. Aber keines von beiden war praktisch umsetzbar, sei es aus Gewichts-, Sicherheits- oder Kostenproblemen.

Aus dem bisherigen Blickwinkel jedenfalls schien auch Wasserstoff nicht in Frage zu kommen. Das schreckte aber eine Vielzahl von Erfindern nicht ab, über 100 wasserstoffbetriebene Fahrzeuge in den USA, mindestens 12 in Deutschland und 3 in Großbritannien zu bauen. Das jüngste Beispiel sei ein Mazda HRX mit einem wasserstoffbetriebenen Wankelmotor. (Der Motor wird als Schnittzeichnung gezeigt.)

Der Mazda wurde bei der 9. Wasserstoff-Energiekonferenz 1992 in Paris vorgestellt. Aber schon früher, im April 1988, flog eine dreimotorige Tupolev 255 zwanzig Minuten nur mit Wasserstoff.

Praxisbeispiele

Nun geht Griffin auf Stanley Meyer ein, dessen Patente mit der Bedingung der US-Behörden verknüpft gewesen seien, daß er seine Patentansprüche auch unter praktischen Beweis stellen mußte.

Patent von 1980

Griffin sagt, daß er die grundlegende Erfindung Meyers (Patent von 1980) bereits viermal in Aktion gesehen habe. Dabei habe es sich um einen Apparat gehandelt, der aus 9 konzentrisch angeordneten Edelstahlzylindern bestand, die einen gegenseitigen Abstand von nur 1 mm hatten. Mit 14 Zoll (ca. 35 cm) Länge stehen sie untergetaucht als elektrische Wellenleiter in einem mit Leitungswasser gefüllten Gefäß. Der Deckel des Gefäßes ist normalerweise gasdicht verschlossen, hat aber eine Druckanzeige und ein Ventil, das bei Bedarf Gas nach außen entweichen läßt. Elektrische Energie von 10 Watt (5 Volt bei 2 Ampere) wird an entgegengesetzten Polen impulsförmig an den inneren und äußeren Zylindern eingespeist.

Dabei sammelt sich sofort eine beträchtliche Menge von Gas im oberen Teil des Gefäßes und erreicht innerhalb von 10 Sekunden einen Druck von 10 Pfund pro Quadratzoll (ca. 0,8 kg/cm^2). Wenn das Ventil geöffnet wird, kann man einen kalten Gasstrom spüren. Aber wenn man diesen mit einem Streichholz entzündet, steigt die Temperatur unmittelbar auf 3000° F (ca. 1650° C), und die Flamme läßt innerhalb von zwei Sekunden einen Edelstahldraht durchbrennen. Währenddessen bleibt das Glasgefäß jedoch bei Raumtemperatur und sprengt damit alle Regeln eines normalen Elektrolyseprozesses.

Normalerweise braucht man für das Erzeugen einer solchen Gasmenge und ihren sofortigen Einsatz bei solch hoher Temperatur mehr als 10 Watt elektrischer Energie. Da im übrigen die Edelstahlzylinder sich auch nach jahrelangem Gebrauch nicht merklich abgenutzt haben, bleibt nur der Schluß, daß die erforderliche Energiemenge nur von der Nullpunktenergie im Wasser stammen kann.

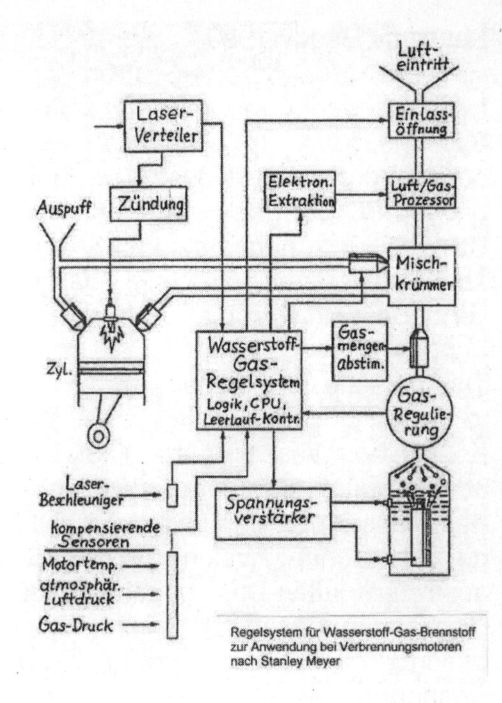

Regelsystem für Wasserstoff-Gas-Brennstoff zur Anwendung bei Verbrennungsmotoren nach Stanley Meyer

Meyer hat noch darauf hingewiesen, daß alle bei dieser Demonstration anfallenden Parameter bewußt *de*optimiert waren, z. B. 5 Volt an Stelle von 20.000 Volt und 2 Ampere statt 0,5 Milliampere, 14-Zoll-Röhren an Stelle des Optimums von 27 Zoll usw. Alles nur deswegen, um den prinzipiellen Wasserspaltungsprozeß zu zeigen, ohne dabei ein Explosionsrisiko einzugehen.

Der Dune Buggy 1985

1985 wurde ein Dune Buggy (Strandfahrzeug auf VW-Käferbasis) mit einer standardmäßigen 1600 cm^3-Maschine auf den Betrieb mit einer Wasserbrennstoffzelle umgerüstet, um ihn ausschließlich mit Wasser zu fahren. Es handelte sich um ein Versuchsmodell, welches erfolgreich vor Fernsehkameras demonstriert und über das in den Zeitungen berichtet wurde. In der Londoner Universität hat man ein Videoband davon aufbewahrt.

Der Dune Buggy 1993

In diesem Jahr gab es die erste Demonstration eines kompletten Systems, das als Umbausatz für gängige Fahrzeugmodelle bereits Vorserienreife besaß. Der Bausatz war für Motorleistungen bis 400 PS geeignet und konnte nach Meyers Einschätzung für US-$ 1500 zu haben sein. Das genaue Datum stand noch aus, aber es war damit zu rechnen, daß es zwei Monate später in Ohio verfügbar sein würde.

Theoretische Grundlagen

Energie aus Wasser entsteht auf Grund zweier unterschiedlicher, aber simultan ablaufender Vorgänge: Der erste ist die Spaltung des Wassermoleküls und der zweite ist der Ionisierungsprozeß der Elektronen, welcher die explosive Energie des Gases austreten läßt. Das geschieht durch die Anwendung von Hochspannungsimpulsen (20.000 Volt und mehr) bei einer besonderen Frequenz, wodurch positiv und negativ geladene Spannungsbereiche entstehen. Der Stromfluß hierbei ist kleiner als 1 Milliampere (mA). Dies bewirkt, daß die negativ geladenen Elektronen in Richtung der positiven Zone und der positiv geladene Atomkern in Richtung der negativen Zone gezogen werden. Dabei verändert sich die Elektronenbahn von ihrer Kreisform zu einer Ellipse *(sie beult sich zur positiven Zone hin aus; d. V.)*. Das damit einhergehende Pulsieren der Spannung ruft eine derartige Belastung des Moleküls hervor, daß die kovalente Bindung *(Dipol)* zwischen Sauerstoff und Wasserstoff zerbricht und Gase *(in Form der getrennten Atome H und O; d. V.)* entweichen.

Wegen des sehr niedrigen Stromes entwickelt sich auch keine Hitze *(20.000 Volt x 1 mA entsprechen 20 Watt Eingangsleistung).* Griffin betont, daß Wasserstoff 2,5 mal soviel Energie enthält wie Benzin und die im Wasser steckende Energie 9 Mio. Joule pro Pint (ca. 0,5 Liter) beträgt.

Auf die Frage nach der Herkunft der gewaltigen vorhandenen Energiemenge antwortet Griffin, man könne man nur die sogenannte Vakuumenergie in den Elektronenschalen anführen. Vor vielen Jahren galt das Vakuum noch als leerer Raum. Clerk Maxwell hat dann aber in seiner Abhandlung über Elektrizität und Magnetismus darauf hingewiesen, daß im Vakuum tatsächlich beträchtliche Energiemengen vorhanden sind. Die daraufhin einsetzende Forschung hat dies bestätigt, und jetzt wird allgemein akzeptiert, daß das Vakuum förmlich vor Energie überkocht. Die Vakuumenergie wurde dann in der Folge auch als universelle Energie, Gravitationsfeld-Energie oder Nullpunktenergie bezeichnet.

Archibald Wheeler von der Princeton-Universität, ein führender Physiker, der auch am US-Atombomben-Programm mitwirkte, hat berechnet, daß die Flußdichte der Nullpunktenergie in der Größenordnung von 10^{93} Gramm pro cm^3 liegt (!).
Griffin sagt dazu, daß es noch einer Menge technischer Anstrengungen bedürfe, um diese Energie anzuzapfen und in eine verwendbare Form zu übertragen.

Obwohl in den zurückliegenden 80 Jahren etwa 30 Erfindungen zu dieser Energieform gemacht wurden, sei es keinem der Erfinder gelungen, daraus etwas Serienreifes herzustellen.

Die einzige Ausnahme, so wird betont, sei Stanley Meyer.

Obwohl tiefe Skepsis gegenüber seiner Erfindung bestand, gab es keinerlei Beweise, die sie hätten widerlegen können. Dennoch hätte eine steigende Zahl von Wissenschaftlern und Ingenieuren in den USA, in Europa und Asien Meyers Technologie anerkannt und sei bereit, auf der Basis des zur Verfügung stehenden Wissens darin zu investieren. Innerhalb der folgenden Wochen solle eine praktische Vorführung auf der Grundlage eines vollständig durchkonstruierten Systems kommen, die dann ein serienreifes Modell für einen Dune-Buggy sein müsse.

Leider kam nichts derartiges auf den US-Markt und anderswo auch nicht. Man hat Griffin geduldig zugehört. Mehr nicht. Es blieb ein akademischer Vortrag vor einem akademischen Publikum. Wer zweifelte jetzt noch daran, daß hier übermächtige Gegeninteressen im Spiel sind?

Weiter berichtet Griffin, daß der Wasserstoff-Abspaltungsprozeß und die Energieanhebung in dem sogenannten Brennstoffinjektor (fuel injector) fast gleichzeitig stattfinden. Dieser Injektor ersetzt in einem Benzinmotor die Zündkerze und im Dieselmotor die Einspritzpumpe. Stattdessen wird das aus dem Injektor kommende Gas *(Oxyhydrogen, Browns Gas oder ein Gemisch daraus; d. V.)* durch einen Hochspannungsimpuls am Zylindereingang gezündet.

Als Konsequenz aus dieser Technik braucht kein Wasserstoff gespeichert, und die Tanks der Fahrzeuge am Land und im Wasser müssen nur noch mit reinem Wasser befüllt werden. Dadurch wird dieses System nicht nur außerordentlich sicher, sondern auch preiswert.

Steht die „water fuel cell" in Konflikt zu den physikalischen Gesetzen? Auch wenn einige Skeptiker sie als einen weiteren Versuch für ein Perpetuum Mobile halten, beruht sie dennoch, so Griffin, vollkommen auf natürlichen Grundlagen. Sie zeigt lediglich einen neuen und revolutionären Weg auf, die Naturkräfte nutzbar zu machen.

Griffin geht auf das erste Gesetz der Thermodynamik ein:

„Die gesamte Energie eines thermodynamischen Systems bleibt konstant, auch wenn sie von einer Form in eine andere übertragen werden kann."

Nun, im Fall der vorliegenden Wasserbrennstofftechnik haben wir es mit einem globalen System zu tun (*also bleibt die Energie innerhalb des Systems; d. V.*). Die für den Motorantrieb notwendige Energie stammt aus der im Wasser enthaltenen Nullpunktenergie, eine praktisch unerschöpfliche Quelle.

Zum zweiten Gesetz der Thermodynamik:
„Die Entropie der Welt strebt einem Maximum zu." sagt Griffin: So formulierte es R. Clausius im Jahre 1865.
Wie kürzlich von Prigogine und Stengers formuliert wurde, enthält dieses Gesetz zwei grundlegende Elemente:

1. ein negatives Element, welches die Unmöglichkeit bestimmter Prozesse feststellt (z. B. daß Wärme von einer kalten zu einer heißen Quelle fließt) und
2. ein positives und konstruktives Element. Es ist gerade die Unmöglichkeit bestimmter Prozesse, die es uns erlaubt, eine Funktion, die Entropie, einzuführen, die gleichförmig anwächst und sich wie eine anziehende Kraft verhält. Sie *(die Entropie)* ist in ihrem Maximum, wenn das System im Gleichgewicht ist. Ein Nicht-Gleichgewicht ist die Quelle für Ordnung und schafft Ordnung aus dem Chaos. Da aber die Technologie der Wasserbrennstoffzelle das Nicht-Gleichgewicht postuliert, kann man daraus schließen, daß diese Technologie das positive Element untermauert."

Zur praktischen Anwendung schreibt er, das System könne leicht für Gasturbinen (in der Schifffahrt und im Luftverkehr), in Entsalzungsanlagen, Gebäudeheizungen und zur Erzeugung industrieller Prozeßwärme verwendet werden. Ein Lebensmittelverarbeiter aus Dublin baue zur Zeit *(1993!)* mit Unterstützung der irischen Regierung einen Wärmeerzeuger auf der Basis der Wasserbrennstoffzelle mit einer Lizenz von Meyer. Wenn die Produktion der Technologie voll in Gang gekommen sei, plane Meyer dafür eine Reihe verschiedener Umbausätze. Vorausgesetzt, die Ingenieure arbeiten an dieser Entwicklung, dann könne die Wasserbrennstoffzellen-Technologie auch auf wesentlich stärkere Energiebereiche übergehen (Kraftwerke, langsam laufende Dieselmotoren (*also Schiffsdiesel*) und Weltraumraketen).

Hyperantriebe

Diese Neuentwicklung erfordere keine Erzeugung von Wasserstoff mit nachgeschalteter Verbrennung. Sie stelle direkt Energie für die Erzeugung eines Wasser-Düsenstroms mit Hilfe eines Hochspannungsimpulses aus der Nullpunktenergie zur Verfügung. Dafür brauche man keine weitere Maschine und keine beweglichen Teile. Die Energiestärke werde durch die angewendete elektrische Spannung geregelt. Die Richtung werde wie bei Raumraketen mit Hilfe von Düsen kontrolliert. Deshalb habe diese Technik eine besondere Bedeutung für die Schiffahrt.

Soweit das Wichtigste aus Griffins Vortrag.

Unter www.padrak.com erfahren wir:

Auch Dr. H. A. Nieper *(verstorben)* von der Deutschen Gesellschaft für Vakuum-Feld-Energie hatte an Meyer geschrieben und ihm angekündigt: „...Wir werden dort (auf der EXPO 2000 in Hannover) die Einzelheiten der Umwandlung der Vakuum-Feld-Energie präsentieren, auf denen Ihre WFC-Technologie beruht."
Wenn wir betrachten, wo wir heute stehen, wird deutlich, welchen Nachholbedarf es für die Stanley-Meyer-Technik gibt. Bisher hat sich nichts getan. Was heute als automobile Innovation angepriesen und verkauft wird, sind weiterhin eine Art „fahrende Lagerfeuer".

Stanley Meyer hätte den Nobelpreis verdient. Was er stattdessen erlebte, haben wir erfahren. – „Good morning America, how are you? What are you doing with your inventors...?"

Wenden wir uns nun weiteren Wasserautokonstrukteuren zu.

Carl Cella

aus: www.freeenergynews.com

Nachstehend die Zusammenfassung eines Artikels, der in dem australischen Magazin „Nexus“ erschien:

Cella baute seinen Wasserstoff-Generator im Jahre 1983, den er in den Kofferraum eines 1979er Cadillac Coupe de Ville baute. Er benutzte zum Bau nur die besten und stärksten Materialien, u. a. Titan-Bolzen aus der Luftfahrtindustrie, die er gebraucht kaufte. Am Zylinderkopf und an der Auspuffanlage mußten Abänderungen durchgeführt werden, um einen auf lange Betriebsdauer ausgelegten, störungsfreien Betrieb zu gewährleisten. Dies erklärt sich daraus, daß die Verbrennung von Wasserstoff dazu führt, daß die zuvor aufgespaltenen Wasserstoff- und Sauerstoffmoleküle wieder zusammengeführt werden (Redox-Reaktion!). So entsteht als Abgas nur reiner Wasserdampf und nichts anderes.

Die meisten Automobilhersteller verwenden Gußeisen für die Auslaßkrümmer und Ventile aus Stahl. Die kombinierte Einwirkung von Hitze und Feuchtigkeit ruft aber eine extrem schnelle Korrosion des Systems hervor. Deshalb ist es unbedingt notwendig, Krümmer, Auspuffrohre und Ventile aus rostfreiem Stahl vorzusehen. Solche Dinge erhält man im Zubehörhandel für Sport- und Rennwagen. Außerdem enthält Wasserstoff bekanntlich kein Blei. Wer also ein älteres Fahrzeug besitzt, muß dies auf bleifreien Betrieb umrüsten (Zylinderkopf und Ventilsitze). Der Verkauf eines kompletten Umbausatzes ist nicht mehr möglich, denn 1983 präsentierte Cella seinen auf Wasserstoff umgebauten Wagen dem Energieministerium, um ihn dort vorzuführen. Dort sagte man ihm, daß er eine Menge Probleme bekäme, wenn er versuchen würde, vorgefertigte Umbausätze zu verkaufen. Auf die Frage, warum denn, stellte man ihm die Gegenfrage, ob er sich denn nicht vorstellen könne, welche Auswirkung so etwas auf die amerikanische (Öl-)Wirtschaft hätte. *(sic!)*

Die ganze Technik stelle sich so einfach dar, daß jeder, der halbwegs ausreichende Kenntnisse in der Automechanik besitzt, den notwendigen Umbau selbst durchführen könne. Deshalb biete Cella ausgearbeitete Zeichnungen, Teilelisten, Wartungstipps und eine ganze Anzahl Modifikationsvorschläge an. Damit könne man die Teile relativ leicht selbst herstellen und zusammenbauen.

Cella betont, er habe seine Technik nur auf Vergasermotoren bezogen. Ob sie auch bei Einspritzern funktioniere, wisse er nicht. Zur Wartung merkt er an, daß man die Elektroden der Reaktionskammer periodisch mit einer Drahtbürste von Mineralablagerungen (*stammen aus dem Leitungswasser*) befreien solle. Das gleiche solle in größeren Zeitabständen auch mit der gesamten Elektrolyse-Kammer geschehen. Diese Ablagerungen bringen den chemisch-elektrischen Reaktionsprozeß zum Stillstand, und man solle deshalb, wenn der Motor ausgehen sollte, den Betriebsschalter des Wasserstoffgenerators ausschalten, um dann die Reinigung durchzuführen. Wer dies rechtzeitig zu Hause vor der Garage mache, sei gut beraten, um nicht irgendwo mit dem Wagen liegen zu bleiben.

Wenn der Motor ausgehe, schalte man den Schalter für die unbrauchbar gewordene Elektrode und auch das elektrische Absperrventil aus. Diese Sperrventile verhindern, daß der unter Druck stehende Sauerstoff nach oben durch die Verbindungen der ausgeschalteten Elektroden entweicht und in die Wasserstoffleitungen gerät, was einen heftigen Brand auslösen könnte.

Der vorhandene Benzintank aus Stahl müsse gegen einen Wassertank aus Kunststoff ausgewechselt und die vorhandene Kraftstoffanzeige mit dem neuen Füllstandsensor (Schwimmer) verbunden werden. Man denke auch daran, daß die vorhandene Auspuffanlage durchrosten und die Ventiltechnik bei längerem Stillstand des Motors festrosten könne (wenn diese nicht aus Edelstahl sind). Auch vor dem Benutzen von Meerwasser wird gewarnt. Das beste wäre also destilliertes Wasser. Konstruiere man sich einen Auspuffdampf-Kondensor, so könne man das hinten ausgestoßene Wasser wieder auffangen und (nun gereinigt!) wieder vorn in den Prozeß hineinführen. Dadurch spare man einen Teil des Frischwassers ein.

Der Vergaser müsse für Wasserstoffbetrieb ähnlich umgerüstet werden wie bei Propan-/Butan-Betrieb, d. h. mit anderen Düsen usw. Um eine höhere Leistungsausbeute zu gewinnen, könne der Motor nun auch mit einer anderen Nockenwelle ausgerüstet werden, die bei normalem Benzinbetrieb wegen der erhöhten Schadstoffemissionen nicht erlaubt gewesen wäre. Auch das Auffangen von Regenwasser für den automatischen Wassernachschub sei möglich, wenn man mit technischem Geschick einen entsprechenden, aufklappbaren Behälter vorsehe.

Leider erfährt man aus dem Text nichts Näheres über die Elektrolysetechnik. Bei www.hasslberger.com (auch über www. freeenenergynews.com) findet man aber zwei englisch beschriftete Konstruktionszeichnungen.

Yull Brown

Browns mit Browns Gas angetriebener Wagen ist weiter oben schon beschrieben worden. Welche genauen Merkmale dieses Fahrzeug aufwies, wie schnell es fuhr und was für Einbauten außer der Elektrolysezelle darin von Brown sonst noch vorgenommen wurden, ist nicht bekannt. Nur, daß er mit 4 Litern Wasser auf 1000 Kilometer auskomme, war von Brown zu hören. Wir gehen davon aus, daß es sich um eine verbesserte Elektrolysezelle gehandelt haben muß, wenn diese den Betrieb der PKWs mit Browns Gas vollständig sichergestellt hat. Es stellt sich die Frage, ob der Motor mit den zwei Batterien (für mehr Strombedarf der Elektrolyse) sich selbst am Laufen hielt, oder

ob in bestimmten Intervallen an der Steckdose nachgeladen werden mußte.
Wenn nicht, wäre Browns Auto eine echte Alternative zur mit Hochfrequenz und gepulster Hochspannung bzw. durch Laser gesteuerten Methode Stanley Meyers, mithin ein autarkes Wasserauto.

Kommen wir nun zu einer recht abenteuerlichen Geschichte, die schon vor 10 Jahren durch einen Teil der Weltpresse ging.

Daniel Dingel

Der Name Daniel bekommt, wenn man in den diversen Quellen des Internets nachliest, einen ganz eigenen Klang. Nicht nur, weil er ähnlich wie „Daniel Düsentrieb" klingt...
Von den einen wird Dingel als ein ganz besonderes Genie hervorgehoben, dem es gelang, normales Wasser zu spalten und mit Hilfe einer speziellen elektrischen „Aufladung" als Treibstoff für seinen PKW zu benutzen. Angeblich habe er über 100 ähnlicher Fahrzeuge damit ausgerüstet. Andere Quellen sprechen von 10.

Siehe dazu auch Dingels Webseite (http://danieldingel.com)

Von den anderen aber wird er als eitler Scharlatan oder Betrüger angesehen, der sich mit etwas wichtig macht, was nicht existiert.

Nach allen uns zur Verfügung stehenden Informationen und nach eigenen Recherchen sind wir zu der Auffassung gekommen, daß Dingels Fahrzeug durchaus eine besondere Elektrolysetechnik haben muß, sonst wäre es nicht so gelaufen, wie es einige Besucher aus Deutschland (und sicher auch von anderswo) erlebt haben.

Ein Artikel aus „People – The Manila Times" von Fred T. Comin vom 11. Oktober 1994 gibt eine kurze Biografie Dingels wieder.

Darin wird das Bild eines engagierten Menschenfreundes entworfen, der seinen in Armut lebenden Mitmenschen durch spendable Aktionen hilft. (*Folglich muß er Geld haben; d. V.)*
Er habe über die Fernschule einen Abschluß in Maschinenbau gemacht und diesen durch praktische Erfahrungen vervollkommnet.

Er habe einst Priester werden wollen, aber die Vorsehung habe anders entschieden, und so habe er sein gottgegebenes Talent für Erfindungen genutzt, die der Menschheit dienlich sind.

Nach der Ölkrise Mitte der 70er Jahre hätten alle gemerkt, daß man sich langsam etwas einfallen lassen müsse, und so machte er sich an die Arbeit und trat in den frühen 80er Jahren mit seiner Entdeckung an die Öffentlichkeit, daß man ein Auto mit Wasser antreiben könne.

Daraufhin seien massenhaft Ausländer bei ihm erschienen, um ihn über seine Erfindung auszufragen. Etwa ein Jahr danach habe einer von denen Dingels Erfindung als Betrug bezeichnet. Darauf habe Dingel seine Patentansprüche umgehend von den Philippinischen Behörden überprüfen lassen.

Daniel Dingel mit seinem Wasserauto
Foto: Wolfgang Czapp

Dingel habe der Zeitung gegenüber angegeben, 1985 vom Zentrum Manilas die 167 Kilometer bis zum Ort Laguna rausgefahren zu sein und dafür 15 Liter Wasser und einen halben Liter Benzin (!) gebraucht zu haben. Bei einer USA-Reise hätte er den Amerikanern zeigen können, daß sein Auto für die Strecke von Detroit bis hinunter nach Florida mit 60 Litern Wasser und zwei Litern Sprit auskomme. Regierungsstellen hätten diese Behauptung in wissenschaftlichen Tests bestätigt.

Heute fahre Dingel nun mit seinem Auto herum, auf dem in großen Buchstaben zu lesen sei „powered by ordinary water“ (angetrieben durch normales Wasser).
Über die Wirkungsweise erfährt man aus dem Zeitungsartikel, daß der Motor zwar mit Benzin gestartet werden muß, dann aber Wasser durch zwei Reaktoren im Motor läuft, wo es zu Wasserstoff und Sauerstoff gespalten wird, die dann zur Verbrennung gelangen.
Mit seiner zusätzlichen Erfindung, seiner elektromagnetischen Flüssigkeit „EMF“ (s. u.) werde der Motor *(zusätzlich)* von Ablagerungen befreit, und eine kleine Menge davon reiche für 36.000 Kilometer Fahrleistung. Für diese Flüssigkeit besitze Dingel ein internationales Patent. Die Unterlagen für seine Wasser-Brennstofferfindung seien noch in Bearbeitung.

Motorraum, eine Elektrolysezelle mit zwei Rohrverbindungen rechts sichtbar
Foto: Wolfgang Czapp

In der AUTOBILD stand 1999/2000 ein erster großer Bericht über Dingels Wasserauto. Auch das Fernsehen (N3) widmete dem sensationellen Fahrzeug einen Bericht. Ein ausführliches Gespräch, das der Autor vor einigen Monaten mit dem im Zeitungsbericht erwähnten deutschen Ingenieur Klauke, der ihn damals in Manila besucht hatte, führte, ergab dann folgendes:

Sie seien einmal um den Häuserblock gefahren, und dabei habe man natürlich kein hohes Tempo anschlagen können, vielleicht auch, um die Anlage nicht zu überfordern. Eine eingehende Untersuchung des Fahrzeugs ergab, daß offensichtlich kein Benzin als Treibstoff im Wagen vorhanden war. Äußerlich sei aufgefallen, daß der Wagen hinten zwei gegenüber liegende Auspuffrohre aufwies. Das Ganze sei aber noch nicht sehr überzeugend gewesen. Da man aber Entwicklungspotential bei der Sache witterte, wollte man Dingel unter die Arme greifen. Die daraufhin getroffenen Vereinbarungen mit einem Investor, der den Ingenieur begleitete, wurden jedoch einige Monate später von Dingels Seite widerrufen, und damit sei für die Besucher aus Deutschland die Sache leider zu Ende gewesen.

In einem Bericht von Jörg Wigand in der AUTOBILD, Nr. 42/2000, erfahren wir sinngemäß folgendes:

Es handelt sich um ein Fahrzeug des Typs Toyota Corolla, das man seitens der Autozeitung näher inspizieren wollte.
In Manila finden sich außer dem Autobild-Reporter zwei weitere Herren bei Dingel ein, der erfahrene deutsche Kfz-Ingenieur Klauke und der deutsche Erfinder-Förderer Brand, ein Risikokapitalgeber. Nach der Probefahrt sind die beiden offensichtlich noch nicht so ganz überzeugt. Schließlich wollen sie das Fahrzeug wiegen lassen, um dadurch indirekt auf technische Änderungen schließen zu können. Wesentliche Abweichungen vom Normgewicht hätten auf verborgene Einbauten schließen lassen. Darauf aber läßt Dingel sich nicht ein. Auch ein mitgebrachter Abgastester darf nicht eingesetzt werden. Warum nicht? Ratlosigkeit breitet sich aus. Dingel wird durch das ihm entgegengebrachte Mißtrauen ärgerlich, fühlt sich verschaukelt, durch die Kontrollen in seiner Ehre als Erfinder womöglich beleidigt.

Er sagt ihnen, er sei nicht Einstein, aber bei seiner Erfindung hätte er nur das überlieferte Wissen (damit meint er wohl die Schulphysik) über den Haufen geworfen und sei neue Wege gegangen. Schließlich wird er konkreter und erläutert, daß der Motor mit einer besonderen Art an Bord erzeugten Wasserstoffs läuft. Dieser würde durch ein elektromagnetisches Feld in eine energiereiche Substanz verwandelt, die aber sein Geheimnis sei. Dadurch würde schließlich auch die physikalische Regel von

„Input gleich Output“ außer Kraft gesetzt. Auch ein spezielles zusätzliches Schmiermittel, so Dingel, sei nötig, welches besser als das normale Öl die beweglichen Teile des Motors in Gang halte. Er stelle es aus Pflanzenextrakten selbst her.

Mit seiner Äußerung meinte Dingel offensichtlich, daß noch ein zusätzlicher Energiebetrag aus einem anderen Bereich hinzukäme, den man nicht selbst hineingegeben hat. Das bringt uns zur freien Energie und dem von vielen neuen Denkern wiederentdeckten Äther. Denkbar ist, daß Dingel auf diesem Weg war, er wäre damit ja nicht der erste gewesen. Haben doch andere Forscher auf dem Gebiet der freien Energie schon Erstaunliches zustande gebracht. Und außerdem gibt es inzwischen auch unter studierten Physikern neue Erkenntnisse, bei denen mit anderen physikalischen Größen und Parametern gearbeitet wird, als es die Schulphysik tut. Das hatte auch Stanley Meyer schon bewiesen.
Auf weitere Nachfragen des Erfinder-Förderers Brand verrät Dingel nur, daß diese neue Energieform aus seinem Konverter (Umwandler) komme.
Der darf natürlich nicht geöffnet werden und bleibt für die Außenstehenden damit die große Schwachstelle im System.
Das Antriebssystem verbraucht laut Dingel nur einen Liter Wasser auf 100 Kilometer, und als Rückstand bildet sich statt Auspuffgas nur ganz normaler Wasserdampf.

Brand hatte zur Sicherheit mal einen Lappen an den Auspuff gehalten. Am anderen Morgen roch dieser leicht nach aromatischen Kohlenwasserstoffen. Also doch Benzin o. ä.? Oder kam das vom Motoröl, wovon immer etwas mitverbrannt wird?

Wolfganz Czapp, der Dingel besuchte, schreibt darüber (unter www.rolf-keppler.de/wasserautos.htm):

„Im Dezember 1999 bis April 2000 lebte ich auf den Philippinen. Im Januar 2000 besuchte ich Daniel Dingel in Manila im Industrial Technology Development Institute. Es empfing mich Ernesto

S. Luis, PhD. Er organisierte das Treffen mit Daniel Dingel, der dann mit seinem Wasserauto vorfuhr. Es war ein 1.6i Toyota Corolla. Das Wasserauto benötigt kein Benzin, sondern fährt mit Wasser. Es benötigt rund 4 Liter Wasser auf 500 km. Wasser wird in Wasserstoff und Sauerstoff mit einer Spannung zerlegt, die Daniel Dingel nicht genau angeben wollte. Dieses Wasserstoff-Sauerstoffgemisch wird dem Motor zugeführt. Daniel Dingel sagte, daß das System 3 Ampere bei 12 Volt aus der Autobatterie und der Lichtmaschine aufnimmt. Dies entspricht rund 40 Watt. Mit diesen 40 Watt kann das Auto eine Geschwindigkeit bis zu 200 km/h erreichen. Die Leerlaufdrehzahl beträgt 500 UpM. Ich roch auch an dem Auspuff. Das Abgas war geruchlos. Es kamen nur ein paar Wassertropfen heraus. Das Auto zusammen mit Herrn Dingel und Herrn Ernesto habe ich gefilmt. Im Frühjahr ist das Wasserauto mehrmals ins philippinische Fernsehen gekommen. Laut einem philippinischen Fernsehbericht soll Anfang 2001 die Serienproduktion auf den Philippinien beginnen. Ich habe erfahren, daß auch viele große, weltweite Firmen wie z. B. VW, der deutsche TÜV u.s.w. bei Dingel vorgesprochen haben."

Werfen wir noch einen Blick auf das US-Patent Nr. **US 2004/0202905 A1**. Zugeteilt wurde Dingel das Patent am 14. Oktober 2004. Hier ist nicht angegeben, wer es angemeldet hat. Als Erfinder wird der Name Daniel H. Dingel, wohnhaft in Huntington Beach/California angegeben. Eine genaue Adresse existiert nicht, dafür aber eine „Korrespondenz-Adresse". So zeigt es die Patentschrift.

Die Adresse ist diejenige einer Beratungsfirma mit Namen Lloyd Management Consultants, 3368 Sparkler Drive in Huntington Beach, CA 92649. Sicherlich hat Dingel die Firma beauftragt, als Patentanmelder zu agieren, da er selbst auf den Philippinen lebt. Dennoch erscheint die Sache etwas mysteriös.

In der Patentbeschreibung selbst ist nichts Umwerfendes vermerkt. Es ist ein sehr kurzer Text, der außer den schon

bekannten Formulierungen, es handle sich um ein System, das an Bord des Fahrzeugs Wasserstoff und Sauerstoff aus Wasser gewinnt, nichts Neuartiges bringt. Allein folgende Passagen darin hören sich interessant an:
„Wasser wird in Wasserstoff- und Sauerstoffgas zerlegt, indem eine einzigartige Kombination metallurgischer, elektrischer und konstruktionsmäßiger Erfindungen dafür verwendet wird...
(Was immer das auch bedeuten mag...; d. V.)
...derjenige Wasserstoff, welcher nicht zur Verbrennung kommt *(also eine Art unverbrannter Überschuß? d. V.)* wird mit Sauerstoff in das System zurückgeführt und in den Wasservorratsbehälter zurückgeleitet."

Das wäre wirklich neu.

Wo ist die ungewöhnliche Energiequelle? Warum nennt er sie nicht klar beim Namen? Wenn er sie im Patent nicht nennt, und sie hinter verallgemeinernden Formulierungen versteckt, kann das durchaus Zweifel wecken. Oder wollte er aus irgendwelchen Gründen in der Patentschrift nicht ins Detail gehen?

Auf Grund all dieser Ungereimtheiten fragten wir vor kurzem telefonisch selbst nach, und zwar bei Herrn Dingel persönlich sowie auch beim „Philippines Department of Science and Technology" (Wissenschafts- und Technologieministerium).
Trotz der nicht optimalen Verständigung über das Telefon konnten wir von Herrn Dingel vernehmen, es gäbe eine neue Vakuum-Technologie, mit der Fahrzeuge ohne alle anderen Betriebsstoffe angetrieben werden könnten. Auf unsere Nachfrage nach seinem Wasserauto antwortete er dagegen unklar. Er sprach davon, daß ein Patent dafür angemeldet sei. Er schlug uns aber vor, selbst auf die Philippinen zu kommen und sein Auto dort in Augenschein zu nehmen.
Herr Dingel ist mittlerweile betagt (über 80), klagte auch über ein Problem mit seinem Gehör, das durch Wasserstoff-Explosionen geschädigt sei, und daß er deswegen nicht gut hören könne.

Er zeigte sich jedoch während des ganzen Gesprächs sehr höflich und kooperativ. Wir schickten daraufhin ein Fax an ihn, um mehr und klare Details in schriftlicher Form zu bekommen. Leider kam keine Antwort.
Das andere Telefonat führten wir, wie erwähnt, mit dem Wissenschafts- und Technologieministerium und bekamen zu hören, daß Herrn Dingel das Patent auf sein Wasserauto nicht erteilt werden konnte, weil er die dafür notwendigen Tests an seinem Fahrzeug nicht zuließ.
Das klingt nicht sehr gut und läßt erneut die Frage nach der Echtheit und Seriosität der Erfindung aufkommen. Von Betrug zu reden, erscheint uns zu früh, da man diesen ja erst noch beweisen müßte. Wenn jemand das Innerste seiner technischen Idee nicht preisgeben möchte, schafft er natürlich kein Vertrauen. Auf der anderen Seite will er es vielleicht deswegen nicht preisgeben, weil er kein Vertrauen hat, daß es jemand – eventuell sogar eine Person aus dem Ministerium – wegnimmt, ohne den Erfinder dafür zu bezahlen. Die Sache erscheint festgefahren, aber die Presse hatte natürlich vor Jahren ihre Sensationsberichte.
Weil wir mit dem Erfahrenen nicht zufrieden waren, führten wir nun noch mit Jörg Wigand ein ausführliches Telefongespräch. Er war es, der seinerzeit die langen Berichte für AUTOBILD geschrieben und sich wochenlang auf den Philippinen aufgehalten hatte, wo er oft mit Herrn Dingel zusammensaß. In dem Gespräch bekamen wir den Eindruck, daß an der Sache mit dem Wasserauto etwas dran sein müsse. Wigand erzählte uns, daß Dingel ihn in seinem Wasserauto mitgenommen hatte und auch mit höherer Geschwindigkeit auf der dortigen Autobahn gefahren war, um die Leistung seiner Erfindung unter Beweis zu stellen. Auch Herr Wigand konnte keinen Benzingeruch feststellen und nichts finden, was auf einen Antrieb mit einer versteckten Gas- oder anderen Fossilbrennstoffquelle hätte schließen lassen. Ein zusätzlicher versteckter Elektroantrieb schied auf Grund der im Fahrzeug zu sehenden und zu hörenden Antriebstechnik ebenfalls aus. Dazu wären auch umfangreiche Batterien nötig gewesen. Es drängt sich also der Gedanke förmlich auf, daß es sich hier tatsächlich

um etwas völlig Neues handeln muß. Dieser Ansicht ist auch Wigand.

Weil Wigand und die anderen Interessenten aus Deutschland im Laufe ihres Aufenthaltes nun zu der Auffassung gekommen waren, daß es sich hier um eine einmalige Sache handelte, der man zunächst publizistisch, dann aber auch wirtschaftlich auf die Beine helfen wollte, wurden Termine gemacht, endlose Gespräche geführt, Verabredungen getroffen und Pläne geschmiedet. Die Deutschlandbesucher waren schließlich nicht zum Spaß auf die Philippinen gekommen. Aber Herr Dingel, so sagte uns Wigand, pflegte im letzten Moment immer „vom Zug abzuspringen“, wenn es ans Testen gehen und die Erfindung auf Herz und Nieren geprüft werden sollte. So kam auch ein geplanter Flug nach Deutschland nicht zustande, obwohl die Flugtickets schon gekauft waren. Hier in Deutschland war geplant, sein Fahrzeug Technikern vorzustellen und seine Erfindung beim Europäischen Patentamt abzusichern. AUTOBILD und auch der Investor Brand hatten ihm alle Türen geöffnet, aber es kam leider nichts zustande, da Herr Dingel nicht mitzog.

In seinem Land, den Philippinen, so Wigands Eindruck, ist er bekannt und wird von der Bevölkerung wie eine Heiligenfigur verehrt. Leider tut er nichts dafür, von diesem selbstgezimmerten Denkmalsockel herabzusteigen als jemand, der der Menschheit des 21. Jahrhunderts eine wirkliche Bereicherung zur Verfügung stellen kann und will.

Man kann nur sagen, schade, schade.
Sein Wasserauto bleibt weiterhin ein Mysterium, oder einfacher gesagt, ein „selbstverändertes Sondermodell“.

Vielleicht hat Herr Dingel tatsächlich etwas verschwiegen, was ihn dazu bewegte, nicht mitzuziehen. Vielleicht gibt es unbekannte Absprachen und Verträge, die er einhalten muß und die ihn daran hindern, sein Geheimnis preiszugeben.

Vielleicht hatte er ja tatsächlich irgendeine neuartige elektronische Impulssteuerung von der Art in die Elektrolyse integriert, wie sie schon Stanley Meyer entdeckt und in seinen Buggy eingebaut hatte. Oder hatte er sie vielleicht einfach nachgebaut?
Auch Stan Meyers Wasserauto blieb ja ein Einzelfall.
Schaut man sich das 140-seitige Test-Handbuch von Meyer an, so wird einem klar, daß es kein Blödsinn gewesen sein kann. Meyer stand damals in den Startlöchern zur Serienproduktion und starb dann ganz unerwartet. – Dingel aber lebt noch...

Nach einem Zeitungsbericht aus den Philippinen, den auch ein erneuter Bericht in AUTOBILD (Juli 2009) aufgegriffen hat, wurde die Dingel-Geschichte wieder aufgefrischt. Danach soll Dingel nun zu einer 20-jährigen Haftstrafe und zu einer hohen Entschädigungszahlung an einen Investor verurteilt worden sein... – ob das stimmt?

Wir meinen, allein die Tatsache, daß jemand nach einem Ausweg aus dem weltumspannenden Klammergriff der Erdölimperien sucht, ist erwähnenswert, und sind daher der Sache nachgegangen.

Herman P. Anderson

(nach: http://waterpoweredcar.com)

Der US-Amerikaner Anderson lebte von 1918 bis 2004 und präsentierte, glaubt man den Berichten, ein Fahrzeug der Marke Chevrolet Cavalier, das nur mit Wasser angetrieben wurde. Er besaß eine eigene Firma, die „Herman P. Anderson Technologies LLC“ in Brentwood/Tennessee und war im Besitz mehrerer Patente.

Er war einer von denen, die an eine Zukunft mit Wasserstoff glaubten.

Er durfte sein Auto zwar fahren, aber nichts von der von ihm erdachten Technik verkaufen oder gar seine Entdeckung im Bundesstaat Tennessee vermarkten.
Dennoch war es ihm „erlaubt", sowohl der NASA, als auch der US-Luftwaffe beratend zur Seite zu stehen, wenn es um die wichtigsten Geheimprojekte der USA ging, z. B. den Satelliten SR-71 „Blackbird", den „Stealth"-Tarnkappen-Bomber und die sogenannten Star-Wars-Programme (Abwehr und Bekämpfung von Angriffen von außerhalb der Erde).
Und so arbeitete Anderson auch bei der Entwicklung wasserstoffgetriebener Raketen eng mit Wernher von Braun zusammen, ebenso forschte er mit Ingenieuren in den „Skunk-Werken", dem „Jet Propulsion Laboratory" (Düsenantriebslabor) und dem „Californian Institute of Technology" (CalTech). Alles klangvolle Namen.

Im Zweiten Weltkrieg diente er als Kampfflieger und Fluglehrer und durfte während dieser Zeit eine ganze Reihe verschiedener Flugzeuge fliegen.

Im „Water Fuel Museum" in Lexington/Ohio kann man seinen wasserstoffbetriebenen 1971er Ford LTD V8 besichtigen. Dieser lief sowohl mit Wasserstoff als auch mit Benzin. Antriebsprinzip ist Wasserstoff, der mit Umgebungsluft gemischt wird *(also kein Browns Gas!)*, nicht mit Sauerstoff, und der zusätzlich mit einem feinen Wassernebel vermengt wird, wodurch eine Benzinverbrennung „nachgeahmt" werden soll. Laut Quellentext geschieht dies auf die gleiche Art, wie man Autos auf Propangas-Betrieb umbaut.

Dieses neuartige Auto lief mit einer Gallone Wasser (3,8 Liter) etwa 60 Kilometer weit. Der Wasserstoff wurde an Bord in einer Elektrolysezelle gewonnen und war nicht selbstregulierend. Man mußte die Zelle von Hand aus- und einschalten, je nach Gasbedarf. Anderson hebt hervor, daß man Deuterium (schweres Wasser) für seine Erfindung benötige, das die doppelte Energiemenge liefere wie normales Wasser. Mit Hilfe einer Spannung von 70.000 Volt wurde eine „Radiolyse" in Gang gesetzt. Von dieser ging, wie Anderson es nannte, eine „weiche Strahlung" *(die durch die hohe elektrische Spannung bedingt ist; d. V.)* aus, die zwar nicht radioaktiv zu nennen sei, die man jedoch nach außen abschirmen mußte. In ihrer Intensität soll sie im Mittel zwischen einem Mikrowellenherd und einer echten harten Strahlung *(wie z.B. im Weltraum oder im Atomreaktor; d. V.)* gelegen haben.

Der Staat Tennessee gewährte ihm als einziger Person die Lizenz exklusiv, dieses Fahrzeug zu fahren, da man wußte, daß er es auch richtig bedienen konnte.
Andersons Technik erscheint uns als ein möglicher Weg zu einem wasserbetriebenen Auto, wenn auch nicht unbedingt ein optimaler.
(nach James Allen)

Archie Blue

aus: www.waterpoweredcar.com

Unter der Überschrift „The Man from Down Under: Archie Blue" ist auf der genannten Webseite ein Artikel veröffentlicht, der die Erfindung des nur in der Fachwelt der Oxyhydrogen-Spezialisten bekannten neuseeländischen Erfinders Archie H. Blue zusammenfaßt. Dort wird er als Berufsathlet und leidenschaftlicher Erfinder beschrieben. In den 1970er Jahren habe er ein Gerät vor der Öffentlichkeit und vor Fachleuten demonstriert, welches in den Motorraum eines PKW paßte und Wasser in die Gase Wasserstoff und Sauerstoff zerlegte. Bei vielen Anlässen habe er das Funktionieren seiner Erfindung unter Beweis gestellt. Dies könne man in einem Buch nachlesen („Suppressed Inventions and Other Discoveries").
Große Geldbeträge, die ihm für sein Patent angeboten worden seien, habe er ausgeschlagen. Nach seinem Tode habe seine

Familie einen großen Haufen alter Gerätschaften auf der örtlichen Abfallhalde entsorgt, welche den Nachlaß des Erfinders Archie Blue darstellten.
Auch einem seiner guten Bekannten aus den 70ern, einem gewissen Peter Lowrie, sei Blues Erfindung nicht übertragen worden. Eine Yahoo-Chatgruppe beschäftige sich seitdem mit Geräten, die auf Blues Entwürfen aufbauen. Lowrie habe diese weiterentwickelt und hoffe darauf, daß sie angesichts der zunehmenden Verschmutzung des Planeten eine Zukunft haben werden.

Das Besondere ist hier: Der Antrieb des Verbrennungsmotors wird zu 100% über das erzeugte Gasgemisch (Browns Gas) gedeckt.

Weiter heißt es dort, es komme nur auf die richtige Spannung, die richtige Amperezahl, die richtige Schaltung und die richtige Frequenz an.

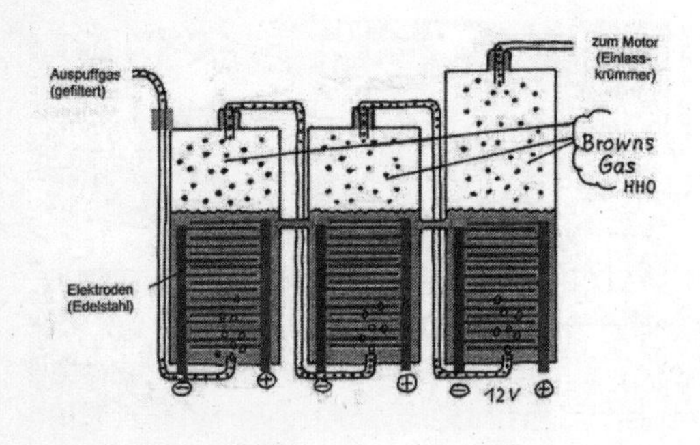

Archie Blues Zelle

Die Funktion ist wie folgt:
Wie im Patent bereits kurz beschrieben, wird Luft in die Elektrolysezelle geführt. Diese hereinkommende Luft ist aber nicht Frischluft, sondern es sind die gefilterten Abgase aus dem Auspuff(!). Sie münden direkt in einen Wassertank, nicht in einen Gastank. Damit werde, wie es dort heißt, genügend Verbrennungsgas (*in den drei zusammengeschalteten Elektrolysezellen; d. V.*) produziert, um damit einen Vierzylindermotor zu betreiben.

Folgender Text wurde von uns aus dem ersten Teil eines 16-seitigen wissenschaftlichen Aufsatzes von Peter E. W. Lowrie mit dem Titel „Electrolytic Gas“ zusammengefaßt.

Es sei ein Fahrzeug des Typs Toyota 1600 cm^3, 4-Zylinder, 12 Ventil, ausschließlich mit diesem elektrolytisch hergestellten Gas gefahren. Dies sei überhaupt nicht seltsam, sondern es sei bekannt, daß Wasserstoff ein Brennstoff ist. Das Gute an dem produzierten Elektrolysegas sei, daß es sein eigenes Oxidationsmittel sozusagen mitbringe, nämlich den Sauerstoff *(aus dem Wassermolekül).* Da bereits eine perfekte Mischung beider Gase von Natur aus vorliegt *(stöchiometrisches Gemisch, also Browns Gas; d. V.)*, sei kein weiteres Mischen im richtigen Verhältnis mehr erforderlich. und deshalb käme die komplette Verbrennung ohne zusätzlich herbeigeführte Luft zustande.

Was man zum vorhandenen Motor brauche, sei ein zusätzlicher, über Keilriemen angetriebener, Drehstromgenerator in „Y"-Wicklung, der bei 24 Volt 150 Ampere liefern kann.

Das ergibt eine Generatorleistung von 24 x 150 = 3600 Watt (ca. 5 PS).

Dieser Generator liefere die elektrische Energie für jede der drei Zellen, und zwar sei jede Zelle auf eine der drei Drehstromphasen geschaltet. Bei 12 Volt beginnend, würden die Zellen teilweise schon durch das Abgas und teilweise durch die elektrische Spannung an den Platten selbst aufgeheizt. Wenn die Zellen ca. 75 °C erreicht haben, werde der Generator-Rückstrom so reduziert, daß Spannungswerte zwischen 1,24 und 2,0 Volt herauskämen. Dies entspreche dem Faradayschen Elektrolysegesetz, und damit sei ein Wirkungsgrad von 97,5% erreicht. Die Zellen würden dann 600 Ampere *(!)* verbrauchen.

Unsere Rechnung zur Erläuterung: 3600 Watt : (3 · 2 = 6 Volt) = 600 Ampere.

Der chemische Prozeß würde damit endothermisch *(es wird Energie hineingeleitet; d. V.)* werden und mehr als genügend Gas für den Motor zur Verfügung stellen.

Bob Boyce

In einer 45-seitigen Abhandlung „A Practical Guide to Free Energy Devices" von Patrick J. Kelly wird für den Selbstbauer, Bastler, Tüftler usw. detailliert beschrieben, wie eine Elektrolysezelle selbst hergestellt werden kann, und welche Dinge es im Einzelnen dabei zu beachten gibt.
Kelly beschreibt damit im Wesentlichen die experimentellen Ergebnisse von Bob Boyce, der in Florida ein Elektronikgeschäft betrieb. An manchen Stellen wird über Boyce behauptet, er sei einer der besten Wasserauto-Erfinder.

Außer der Zelle selbst wird eine elektronische Schaltung erläutert, deren Funktion es ist, ein aus drei Frequenzen produziertes Mischsignal (in „Pseudosinuswellen"-Form) herzustellen, das in die Zelle eingespeist wird, um so durch Anregung harmonischer Effekte die atomaren Bindungskräfte im Wasser wesentlich effektiver aufzulösen, als dies mit einer normalen Gleichstromelektrolyse möglich wäre und damit die Gasproduktion wesentlich anzuheben.
Dies erinnert an Stan Meyers Erfindung.

Damit verbunden, wird in dem Boyceschen Gerät außerdem die Anwendung einer höheren Spannung notwendig (150 Volt), die durch einen Wandler erzeugt werden kann. Da sein Elektrolyseapparat aus 101 in Serie geschalteten Zellen besteht, benötigt er diese Spannung auch (das 101-fache der Einzelzellenspannung von ca. 1,5 Volt, denn $101 \cdot 1{,}5 \sim 150$).
Mit dieser Erfindung soll das 600- bis 1000-fache der einst von Faraday angenommenen, erzeugbaren Gasmenge erreichbar sein.
Boyce betrieb außer seinem Geschäft auch eine Werkstatt und richtete eigene Bootsrennen aus, für die er seinen neuartigen Wasserstoffantrieb mit Elektrolysegas eigentlich schuf. Er konstruierte auch Wasserstoffantriebe für andere Rennfahrer und für ferngesteuerte (*militärische*) Dronenboote.

Ferner baute er die Elektrolysezelle in einen Chrysler-6-Zylinder ein und ließ diesen, die Hinterräder aufgebockt, längere Zeit im Stand bei 60mph (ca. 100 km/h) laufen, um den Bedarf an Strom und den Betrieb zu beobachten. Leider kam es, wie Kelly schreibt, nicht zu Straßentests mit Fahrzeugen. (!)

Kelly schreibt, daß Boyce zu der Zeit noch nichts von Browns Gas wußte, sondern immer sagte, seine Motoren liefen mit Wasserstoff, was ja auch legal war.
Er selbst hat nie schriftliche Aufzeichnungen über seine Elektrolysezellen hinterlassen.
Es konnte aber trotzdem Browns Gas gewesen sein.

In Boyce' Forschungen zeigen sich manche Parallelen zu anderen Erfindern fortgeschrittener Hydrolysetechniken wie auch zu denen von Stanley Meyer.
Unter dem Namen „Robert Boyce" sind zwar eine Reihe von US-Patenten ausgegeben worden, nach unseren Informationen betrifft aber keines davon eine Elektrolysezelle.

Samuel Freedman

aus: www.free-energy.ws

Weil in den 1950er Jahren preiswerte Kochtöpfe und Pfannen aus Aluminium in Mode kamen, kam damit auch ein Problem auf den Tisch bzw. auf den Herd. Diese Kochgefäße bestanden aus spröden Alu-Legierungen, die nach einigem Gebrauch durch das ständige Erhitzen und Wiederabkühlen Risse bekamen und brachen. Regelmäßig neue Töpfe zu kaufen, konnte man sich nicht leisten, und es war auch nicht sinnvoll. Also mußte man erfinderisch sein. Samuel Freedman war es. Er schuf 1952 ein wirkliches Wundermittel (US-Patent, 2,796,345), das sich „Chemalloy" (chemische Legierung) nannte. Nun, es dauerte ein paar Jahre, bis es sich durchsetzte, aber bis in die frühen

1960er Jahre war es in Haushaltsgeschäften ein gut eingeführtes Produkt geworden. Damit konnte man – selbst ist die Frau bzw. der Mann – seine Töpfe nun eigenhändig und fachmännisch zugleich reparieren.

Die entsprechende Stelle mußte auf 500° F (260° C) erhitzt werden, dann wurde ein Chemalloy-Stäbchen draufgehalten und der Riß damit wieder zugelötet.

Aluminium kann man aber nicht oder nur sehr schwer löten, werden jetzt die Techniker unter Ihnen sagen, vor allen Dingen nicht bei niedrigen 260°. Das ist ja gerade mal die Schmelztemperatur von normalem Zinnlot.

Richtig, und außerdem trägt Aluminium quasi immer eine feine Oxidschicht an seiner Oberfläche, die das Löten verhindert. Nur aufwendige Säuberung und das Fernhalten jeglicher Umgebungsluft während es Lötens kann einen Lötprozeß erfolgreich zustandebringen.
Nicht so bei Chemalloy.

Mit diesem Wunderstäbchen konnten nicht nur ganz normal oxidiertes Aluminium, sondern auch Zink, Kupfer, Messing, galvanisierte (plattierte) andere Metalloberflächen und noch andere Metalle zugelötet werden. Das Zeug verband sich mit sehr viele Metallen, und das ohne jedes Flußmittel.

Freedmans Wunderlötlegierung hatte noch ganz andere Eigenschaften, die der Erfinder selbst beobachtet hatte. Hielt man z. B. einen Chemalloy-Metallstab in ein Gefäß mit Wasser, so produzierte er plötzlich Elektrizität, wobei er sich selbst aber nicht veränderte. Weder Oxidationen noch Reduktionen waren zu beobachten, der Stab blieb „inert“. Schloß man ein Voltmeter an, dessen eine Messspitze mit dem Stab und die andere mit dem Wasser Kontakt hatte, so konnte man 0,55 Volt messen. Laut Angaben des Erfinders blieb diese Spannung unbegrenzt erhalten, solange Wasser vorhanden war. Das ist praktisch eine galvanische Zelle, das Urelement jeder Batterie, nur nicht mit Zink-Kohle, sondern mit Chemalloy und Wasser.

Was hat das nun aber mit Browns Gas zu tun, werden Sie fragen. Noch erstaunlicher war folgendes, und da sind wir schon beim Browns Gas angelangt:
Zerrieb man das Chemalloy-Metall zu feinem Pulver und gab es in ein Wassergefäß, begann es sofort, Wasserstoff- und Sauerstoffbläschen zu erzeugen. Dieser Vorgang hielt so lange an, bis alles Wasser aus dem Gefäß aufgebraucht war. Und wieder blieb das Metall unverändert erhalten! Es war offensichtlich nur so etwas wie der elektrolytische Katalysator.

Im Jahre 1957 ergänzte Freedman seine Erfindung um ein weiteres Patent (US-Patent 2,927,856), in welchem er die von ihm entdeckten weiteren Eigenschaften seiner Legierung beschrieb.

Wie er selbst mitteilte, hatte er einmal sieben Jahre lang mit einem einzigen Chemalloy-Stab fortlaufend elektrischen Strom erzeugt.

Weitere überraschende Eigenschaften sind Bodendurchlüftung, Bodenerwärmung und pH-Wert-Harmonisierung, denn wenn Chemalloy als Pulver dem Acker- oder Gartenboden beigemischt wird, wird durch Elektrolyse der Wasserstoff im Erdreich freigesetzt und der pH-Wert nimmt ab, d. h. der Boden wird entsäuert. Gleichzeitig wird noch Wärme aus der exothermen Reaktion frei, was dem Wachstum der Pflanzen nützt. Das wesentlich verbesserte Pflanzenwachstum führt zu stark ansteigenden Gemüseerträgen. Auch die Keimung von Pflanzensamen wird sehr gefördert.

Hier erkennen wir ganz deutlich: Alles, das Lebendige und auch die nicht belebte Materie, hängt irgendwie zusammen, weil alles vom Wasser, vom Wasserstoff und auch vom Sauerstoff bestimmt wird. Der Kohlenstoff ist gewissermaßen nur der struktur- oder gerüstbildende Stoff der belebten Welt.

Des weiteren kann man mit dem Chemalloy sogar Anti-Gravitation erzielen und Metallteilchen auf Wasser schwimmen lassen. Fast unglaublich...

Jetzt werden alle Menschen mit traditionell-physikalischen Ansichten den Kopf schütteln. Dennoch erwähnen wir es, weil es in dem Original-Chemalloy-Werbeblatt steht. Antigravitation ist ja schon öfter nachgewiesen worden, z. B. auch mit dem bekannten Gelsenkirchener Experiment (siehe Einleitung).
Daß das hier beschriebene leider in Vergessenheit geratene Wundermaterial durch erneute Versuche und anwendungstechnische Umsetzung erprobt werden sollte, braucht eigentlich nicht hervorgehoben zu werden.

So wie diese schlafen ja viele gute Erfindungen in den Schubladen der Aufkäufer, um den gerade laufenden Markt nicht unnötig zu „stören“.

Eine Frage bleibt da noch offen... – Warum bekam dieser Freedman eigentlich damals keine Schwierigkeiten mit der Konkurrenz oder mit Behörden? Seine nobelpreisverdächtigen Entdeckungen waren doch schließlich absolut provokativ für alle, die sich gemütlich auf dem Sofa eines vollkommen erklärten Weltmodells eingerichtet hatten.

Kapitel 8

Der Wasserforscher Viktor Schauberger

Wasser ist Leben

Wenn wir nun einen Abstecher in die Wunderwelt des Wassers machen, so wird uns das helfen, die Vorgänge bei der Verbrennung von Browns Gas besser zu verstehen. Wir haben ja schon von dem Begriff „Implosion" gehört. Die Verwendung des Wassers ist der Menschheit seit Jahrtausenden geläufige Praxis. Durch seine einzigartigen Eigenschaften sorgt der Lebensstoff Wasser dafür, daß Speisen und Getränke hergestellt werden können. Wasser ist ein Lebensmittel.

Aber auch alle Lebewesen selbst werden von Wasser durchströmt und so am Leben erhalten. Wasser ist also der Hauptbestandteil alles Lebendigen. Gott sei dank ist Wasser als Lebensstoff schlechthin über die Erde ausgebreitet, so daß nur an wenigen Stellen Mangel daran herrscht. Man kann ohne Übertreibung sagen, unser Planet selbst ist ein einziges Wasserlebewesen. Die Wissenschaft hat aufgezeigt, alles Leben entstamme dem Meer und damit also dem Wasser. Unser Blut hat eine ganz ähnliche Zusammensetzung wie sie das Meerwasser hat. Wenn die schulwissenschaftliche Schöpfungstheorie, die von der religiösen abweicht, stimmt, dann kommen wir organischen Wesen möglicherweise tatsächlich aus dem Meer, wir sind dann selbst sozusagen ein Teil des Meeres, also sind wir auch Wasser und brauchen deshalb ständig Nachschub an Wasser.

Allein das Wassertrinken ist ein absolut lebenswichtiger Vorgang für unseren Körper. Und, was viele nicht wissen, es ist eine wichtige Quelle für Energie, die durch Elektrolyse auf zellulärer

Ebene vor sich geht. Hierzu lese man das Buch des Wasserarztes Batmangelidj (siehe Quellenverzeichnis).

Wasser ist Energie

Gehen wir einen Schritt weiter, und denken wir an die Möglichkeiten, die uns Wasser auch außerhalb unseres Körpers zur Verfügung stellt.

Daß man sich darauf und darin fortbewegen kann, ist seit Jahrtausenden bekannt und hat letztlich zum Zusammenfinden der Völker der Welt geführt. Wasser ist ein Fortbewegungsmittel. Daß Wasser aber auch zur Energieerzeugung bzw. zu deren Umwandlung taugt, wußten schon die alten Kulturvölker, beweisen seit Jahrhunderten vom Wasser angetriebene Mühlen, die der Mensch zu unterschiedlichsten Zwecken eingesetzt hat. Wasser ist ein Energielieferant. Man spricht dann von Hydroenergie. Diese ist jedoch eine äußere, mechanische Energieeigenschaft des Wassers im Zusammenhang mit der Wirkung der Schwerkraft und den Turbulenzen der Atmosphäre und wird dann nutzbar, wenn Wasser von oben nach unten strömt oder aber in Wellenform vom Wind angetrieben wird.
Daß Wasser jedoch auch eine innere, molekulare Energie besitzt, das kann man nicht so ohne weiteres erkennen. Trotzdem gab und gibt es Menschen, die das erkannt und für uns alle nutzbar gemacht haben. Yull Brown und Stanley Meyer waren zwei davon.

Wasser ist Weisheit und Frieden

Daß Wasser in dieser Form dennoch bis heute nicht massenhaft genutzt wird, hat wieder mit den menschlichen Schwächen zu tun, auf die wir bereits eingegangen sind. Ausuferndes Machtstreben und Wettbewerbsdenken, Fanatismus, Materialismus, Luxurismus, Unglauben, Depressivität, Aggression, Trägheit und die aus diesen Faktoren sich ergebende Unterdrückung

unbequemer geistiger Strömungen sind Eigenschaften der Menschheit schlechthin und geben einer weltweit herrschenden Minderheit leider die Machtmöglichkeiten, nach denen sich immer noch die Mehrheit zu richten hat.
Trotz versprochener Demokratie, Freiheit und Gleichheit für jeden. Darum kann „Globalisierung“ beim jetzigen Reifezustand der Menschheit und besonders dem der genannten Minderheit auch zu keinem echten Fortschritt führen. Wenn die Probleme im Regionalen nicht gelöst werden, können sie erst recht nicht global, also weltweit gelöst werden.

Die Welt hat Besseres verdient, und mit Energie aus Wasser wäre sie ein enormes Stück weiter, als sie es zur Zeit ist. Im Wasser steckt viel Weisheit, die uns bis jetzt nicht zugute kommen kann. Durch die Verhinderung eines echten Technologiesprunges, der natürlich mit einem sozialen Hand in Hand gehen muß, wird die Menschheit in einem künstlichen Zustand historischer Erstarrung gehalten, in welchem sie offensichtlich besser zu beherrschen ist. Solange Dominanz, Herrschaft und Unterdrückung obsiegen, wird es keinen Frieden geben.

Wenden wir uns also einem Menschen zu, der sich fernab aller wichtigtuerischen Selbstbestätigung mit etwas ganz Einfachem, nämlich dem Wasser, beschäftigte und dabei zu bis dahin völlig unbekannten neuen Erkenntnissen vordrang.
Sein Name ist **Viktor Schauberger.**

Viktor Schauberger war einer, der als Förster gewissermaßen beruflich mit Wasser zu tun hatte, denn er lebte und arbeitete dort, wo man mit Hilfe von Wasser das Holz der Wälder ins Tal schwemmte. Geschlagene Baumstämme rutschten und schwammen über Wasserrinnen massenweise aus den Bergwäldern zu Tal, wo sie auf den Weitertransport auf den Flüssen warteten. Diese Holzschwemmanlagen waren Bestandteil des Flößerhandwerks. Schaubergers Aufgabe war es, sie zu überwachen. Und dabei beobachtete er genau, dachte viel nach und stellte Ungewöhnliches fest.

Daß im Wasser ein Geheimnis steckt, entdeckte der österreichische Förster und Erfinder schon Anfang der 20er Jahre des 20. Jahrhunderts. Er stellte fest, daß im Bereich von Hochquellen, also Quellen im Bergland oder Gebirge, die reichste und vielfältigste Pflanzenwelt sich entwickelt und nicht durch Zufall Lachse und Forellen zum Laichen die quellnahen Oberläufe der Flüsse und Bäche aufsuchen. Geschützt vor direkter Sonneneinstrahlung tritt hier Wasser aus dem Gestein und Erdreich, das seine Temperatur nahe dem Anomaliepunkt des Wassers von 4° C und damit seine größte Dichte hat. Daß dieser Punkt auch mit einem Zustand erhöhter Energie zu tun haben mußte, schien für Schauberger naheliegend. Fortan begann er, die Fließgewässer genauer unter die Lupe zu nehmen.
Ihm fiel der Drang aller Fließgewässer auf, sich nicht gradlinig, sondern in Mäanderform, also in Schlangenlinien, zu bewegen. Entwickelt man nun aus dieser überwiegend zweidimensionalen Bewegung des „nach links und nach rechts" eine dreidimensionale Bewegung, so kommt man zu einer Schlangenlinienbewegung im Raum. Und darin, so entdeckte Schauberger, verbarg sich eine selbständig sich entwickelnde Kraft. Zum Beweis wendete er das Prinzip der spiraligen Bewegung, die aus sich heraus eine „zykloide Raumkraft" entwickelt, dann auf eine neue Art von Holzschwemmanlagen an. Er formte den Verlauf und auch den Querschnitt der Wasserrinnen selbst nach den von ihm gewonnenen Erkenntnissen der Wirbelbewegung und hatte vollen Erfolg. Mit dieser Neukonstruktion war es jetzt möglich, Baumstämme mit viel geringeren Wassermengen zu Tal zu befördern als vorher.

Schauberger war zu der Zeit für Fürst Adolf von Schaumburg-Lippe tätig und konstruierte 1922 mehrere dieser innovativen Anlagen. Dadurch reduzierten sich die Holz-Transportkosten auf ein Zehntel der vorherigen Kosten. Die Folge war, daß Viktor Schauberger 1924 zum staatlichen Berater für Holzschwemmanlagen für den österreichischen Staat ernannt wurde.

Der Bau der hölzernen Rinnen hatte vorher häufig ein Drittel des Holzes, das man in ihnen zu Tal beförderte, selbst verbraucht. Da obendrein der Verschleiß hoch war und die Lebensdauer nur wenige Jahre betrug, wurden großflächige Kahlschläge angelegt. Das war nicht nur unökologisch, sondern auch eine wirtschaftliche Verschwendung. Mit seiner Erfindung stieg Schauberger also gleichzeitig auch zu einem ökologischen Vorreiter auf.

Er begann, bis zu 50 km lange innovative Holzschwemmanlagen mit Transportleistungen von mehr als 100 Festmetern Holz pro Stunde zu bauen. Durch das Kopieren natürlicher, mäanderförmiger Flußläufe erhielten die Wasserrinnen ausgezeichnete Transporteigenschaften und eine deutlich längere Lebensdauer. Außerdem wurde bei der Aushöhlung der hölzernen Rinnen auf die naturgegebene Eiform geachtet, die die Verwirbelung fördert.

Und es ergab sich noch ein weiterer Vorteil. Durch zusätzliche optimale Ausnutzung der Wassertemperatur und die Verwirbelung des Wassers in den Kurven konnten nun auch schwere Hölzer wie Buche und Tanne transportiert werden.
Vor Schauberger waren alle Transportkanäle gradlinig gewesen, um auf kürzestem Weg das größte Gefälle und die größte Transportleistung zu erzielen, so glaubte man.

Schauberger entwickelte sein Denken und Forschen weiter, konstruierte u. a. Wasserveredelungsapparate und Bodenbearbeitungsgeräte und wandte das im Wasser entdeckte Bewegungsprinzip der Spirale auch auf den Luftraum an. Dabei verwendete er das Prinzip der **Implosion**, die als wichtiges Forschungsgebiet bis heute leider nur von idealistischen Privatforschern weiterbetrieben wird. Er meldete mehrere Patente an. Schließlich gelang es ihm, rotierende, selbstbeschleunigende, die Schwerkraft überwindende Apparate zu konstruieren, womit er in der Ära des Dritten Reiches natürlich bei den staatstragenden Kräften auffiel und in ihre Dienste trat.

Ob gezwungenermaßen oder freiwillig, kann und soll hier nicht erörtert werden.

Es sollen jedenfalls selbstabhebende Flugkreisel, auch unter dem irreführenden Namen „UFOs“ bekannt geworden, aus deutscher Produktion aus Schaubergers Hand stammen, die mit unglaublicher Geschwindigkeit flogen und schwerkraftunabhängige Bewegungsmuster vollführen konnten. Eines dieser Fluggeräte soll unkontrolliert aufgestiegen sein, wobei es die Zimmerdecke durchschlug. Aus seinem Prager Labor wurde nach dem Krieg auch einiges Forschungsmaterial in die Sowjetunion abtransportiert.
Siehe dazu auch das Buch von *Henry Stevens „Hitlers Flying Saucers“.*

Nach dem Krieg erregten die Schaubergerschen Experimente, Konstruktionen und aufgefundenen Apparate auch bei den Amerikanern starkes Interesse. Schließlich wurde der Implosionsforscher Schauberger in die USA eingeladen, wobei sein gesamtes Material samt Plänen und Zeichnungen in Containern mittransportiert wurde. Dieser Besuch nahm ein unglückliches Ende, denn die zuständigen amerikanischen Stellen behandelten ihn offensichtlich als Beutesubjekt. Wie man liest, trat er alle seine Rechte an sie ab und kehrte zusammen mit seinem Sohn gedemütigt nach Österreich zurück. Dort verstarb er fünf Tage später am 25. September 1958 in Linz.

Dummerweise lagern Schaubergers Ideen und Erfindungen als Kriegsbeute bis heute in amerikanischen Tresoren.
Wenn sie nicht längst vom Militär verwendet werden; d.V.

Denken wir einen Schritt weiter und versuchen, uns Wirbelbewegung und Implosion – also ein nach innen gerichtetes, spiraliges Eindrehen – in Verbindung mit Browns Gas vorzustellen. Wie wir wissen, werden aus 1866 Liter Gas bei Zündung und Verbrennung mit einem Schlag wieder 1 Liter

Wasser! Ist das keine Implosion? George Wiseman sagt: Doch, das ist es. Und viele andere mit ihm. Auch wir schließen uns dieser Meinung an.

Viele Browns Gas-Forscher halten es für möglich, daß bei der Implosion Kräfte frei werden, die dafür verantwortlich sind, daß dieses Gas bei seiner Implosion wesentlich mehr Energie abgibt als andere Gase bei ihrer Explosion.

Der Wasserfadenversuch:

Ein interessanter Versuch, den Schauberger mit einem gewissen Dr. Winter durchgeführt hat, zeigt, daß sich noch mehr Geheimnisse um das Element Wasser ranken, die sicherlich in die Schaubergerschen Erfindungen eingegangen sind.

Man wollte elektrische Energie aus einem Wasserstrahl (!) gewinnen und schickte Wasser unter niedrigem Druck durch ein sehr feines Mundstück bzw. eine Düse. Nach unten fallend, wurde der feine Wasserstrahl von einem Bleibehälter aufgefangen, der zur Isolation innen mit einer Paraffinschicht ausgekleidet war. An der Paraffinschicht des Behälters, in dem sich nun das Wasser sammelte, war ein ins Wasser ragender Kontakt vorgesehen und dieser durch ein Kabel mit einem Elektroskop (Zeigermeßgerät für sehr hohe statische Spannungen) verbunden. Sobald man eine Paraffinscheibe an den Wasserstrahl in 1 bis 5 Meter Entfernung von der Seite her annäherte, schlug der Zeiger aus, was einer Spannung von bis zu 50.000 Volt gleichkam. Dieser Versuch wurde später von schwedischen Forschern wiederholt.

Die Erklärung kann nur darin liegen, daß Wasserstrahl und Paraffinplatte unterschiedliche Potentiale darstellen, wenn man sie einander nähert. Das Wasser im Behälter und der darunter befindliche Bleibehälter stellen zwei Platten eines Kondensators dar, der die hervorgerufene Spannung auflädt.

Kapitel 9

Dekontaminierung mit Browns Gas

Wir kennen nun bereits die Möglichkeiten, die der Menschheit mit Browns Gas zur Verfügung ständen, wäre nicht der starke Einfluß derer vorhanden, die uns weiterhin mit einer veralteten Verbrennungstechnik im technologischen Gefängnis der Unwissenden halten würden, während Insiderwissen seit langem an einflußreichen strategischen Stellen der führenden Mächte vorhanden ist und dort in diversen Projekten erprobt wird. Man denke nur an die sogenannte HAARP-Anlage in Alaska, die offiziell als Forschungsstätte für Aurora-Phänomene ausgewiesen wird, jedoch noch ganz andere, von den Betreibern nicht genannte Möglichkeiten bietet.
Häufig wurden und werden dazu deutsche Patente der Vorkriegs- und Kriegszeit oder aber Weiterentwicklungen aus diesen Ideen zu Grunde gelegt.
Ein ganz überraschender Effekt ist nun der, daß Browns Gas auch für die Behandlung nuklearer Abfälle ein besonders geeigneter Stoff zu sein scheint.
Unter dem Begriff „Transmutation" versteht man die Umwandlung eines chemischen Elementes in ein anderes durch Teilchenbeschuß.

Für eine solche Transmutation läßt sich Browns Gas gewissermaßen als Katalysator einsetzen.
Warum aber ist eine Element-Umwandlung für eine Dekontaminierung nötig? Ganz einfach deshalb, weil auf diese Weise aus einem unstabilen, strahlenden Element, ein stabiles werden soll, das nicht mehr strahlt.
In diesem Sinne ist der Begriff „Dekontaminierung" etwas irreführend, bezeichnete man doch damit bisher lediglich die Tatsache, daß radioaktive Stäube oder Tröpfchen von einem kontaminierten Gegenstand oder Körper entfernt werden, um

diesen damit zu entstrahlen oder zu entgiften, eben zu dekontaminieren. In unserem Sinne bedeutet „dekontaminieren" nun etwas viel Weitgehenderes, nämlich die Reduzierung bzw. Beseitigung von Strahlung im strahlenden Stoff selbst.
Dabei ist Browns Gas nun ein ganz wichtiger Stoff geworden, da er diese Reduzierung durch Transmutation (Elementumwandlung) bewerkstelligt. Das ist bisher noch weitgehend unbekannt.

Das Bundesministerium für wirtschaftliche Zusammenarbeit und Entwicklung (BMZ) gab im Jahre 2005 unter der Nr. E 5001-15 einen Forschungsbericht mit dem Titel

„Zukunftstechnologien für nachhaltige Entwicklung: Unkonventionelle Ansätze zur Energiegewinnung und Aktivierung biologischer Prozesse"

heraus, in der neben anderen Verfahren auch Browns Gas zur Sprache kommt. Obwohl die Studie über Browns Gas eigentlich nur das wiederholt bzw. zusammenfaßt, was aus allgemein zugänglichen Quellen erhältlich ist und sich damit im wesentlichen begnügt, zu erwähnen, was man aus „nicht-wissenschaftlichen" Quellen erfahren kann, wirft sie doch erstmalig neben anderen Verfahren auch ein Licht auf die besondere Bedeutung dieses Gases. Das allein läßt schon aufhorchen.
Seitdem hat sich aber leider nichts getan, was man in den Nachrichtenmedien erfahren hätte, und es hat den Anschein, hier wäre nur eine Feigenblattreaktion seitens der deutschen Regierung abgelaufen. In diesem Bericht heißt es nun:

„Die geltende Doktrin, daß nukleare Prozesse und radioaktiver Zerfall nur hochenergetischen Einwirkungen, wie sie in Nuklearreaktoren ablaufen, nicht aber gewöhnlichen physikalischen oder chemischen Einflüssen unterliegen, ist in den letzten Jahrzehnten experimentell und theoretisch in Frage gestellt worden... Beobachtungen über unerklärliche Umwandlungen von Elementen (Transmutationen) durch Pflanzen oder in

Experimenten bei gewöhnlichen Temperaturen wurden bereits um 1880 vom deutschen Botaniker Albrecht von Herzeele und dann wieder in den 60er und 70er Jahren des 20. Jahrhunderts vom französischen Chemiker Louis Kervran gemacht und von seinem Landsmann Pierre Baranger, von Hisatoki Komaki in Japan und vom Schweizer J. E. Zündel bestätigt."
Soweit der Bericht.

Eine andere Quelle ist die **„Planetary Association for Clean Energy, Inc." (PACE).** Deren Präsident, **A. Michrowski**, hat sich in einem Aufsatz mit dem Titel „Advanced Transmutation: Disposing of Nuclear Waste" (dt., Fortgeschrittene Transmutation: Beseitigung Nuklearen Abfalls) geäußert.
Aus: http://pacenet.homestead.com
Wir fassen das Wichtigste aus diesem Text zusammen.

Michrowski beschreibt Experimente, die man mit fortgeschrittener Transmutation gemacht hat.

Ein Ergebnis waren die Wechselwirkungen zwischen diesen Abfällen und ionischem Wasserstoff und Sauerstoff *(Ionen = elektrische Ladungsträger; d. V.)*, welche als Bestandteile des „Browns Gas" bekannt sind. Michrowski beschreibt hier kurz, daß beide Gasanteile im Verhältnis 2 : 1 gemischt sind und gleichzeitig zur Verbrennung kommen und erwähnt das Gas als einen technologischen Eckpfeiler. (!)

Nun ist es die chinesische Firma NORINCO *(ein Rüstungsproduzent; d. V.)*, die in der Stadt Baotau innerhalb eines großen Fabrikkomplexes ein bedeutendes Forschungszentrum unterhält, wo sie u. a. auch Lokomotiven und Geschütze produziert. Sie ist auch Zulieferer der nationalen Atomenergie-Industrie und produziert in großen Mengen Browns-Gas-Generatoren. Die meisten dieser Generatoren kommen bei der Schweiß- und Hartlöttechnik zur Verwendung, aber ein gewisser Teil wird seit 1991 dazu benutzt, radioaktive Substanzen zu dekontaminieren (also zu entstrahlen). U. a. wurde dazu ein Gasgenerator eingesetzt, der 10.000 Liter Browns Gas pro Stunde produziert. Erste Ergebnisse zeigten 1991, daß Kobalt 60 – ein radioaktiver Stoff – nach einer ersten Behandlung mit Browns Gas seine Strahlung bereits um über die Hälfte reduziert hatte. Bei einem weiteren Folgeversuch reduzierte sich die Strahlung bereits um zwei Drittel des Originalwertes. Das Ganze dauerte weniger als zehn Minuten.

Die Experimente wurden durch das Baotau Nuclear Institute, P. R. of China, durchgeführt.

Wir erinnern uns, daß Yull Browns Patente in China Eingang gefunden haben sollen – auf welche Weise auch immer; d. V.

Bei einem anderen Experiment, das von Yull Brown zu Lebzeiten noch persönlich vor einem Publikum vorgeführt wurde, waren auch der Kongreßabgeordnete Berkeley Bedell sowie Mitglieder eines Fachkomitees anwesend. Auf einem Ziegelstein brachte Brown ein Stück Americium (*radioaktives Element*) zusammen mit einigen Stückchen Stahl und Aluminium zum Schmelzen. Nachdem er die Browns-Gas-Flamme einige Minuten daraufgehalten hatte, zuckte aus den geschmolzenen Metallstücken plötzlich ein Blitz hervor. Brown erklärte, dieser entstünde durch die Beseitigung der Radioaktivität, die im gleichen Moment passiert sei. Und tatsächlich – vor dem Versuch besaß die Americiumprobe eine Strahlung von 16.000 Curie pro Minute. Danach konnte man mit dem Geigerzähler gerade noch 100 Curie messen, was nicht mehr als der normalen Umgebungsradioaktivität entsprach.

Damit waren über 99% der Radioaktivität beseitigt und das in weniger als fünf Minuten und bei geringstem Aufwand.

Diese Verbesserung von anfänglich über 50% (s. o.) bis auf nahezu 100% war das Ergebnis jahrelanger Forschungsarbeit Yull Browns und seiner Kollegen.

Wenn man bedenkt, so Michrowski, wie preiswert Browns-Gas-Generatoren im Vergleich zu den immensen Kosten sind, die weltweit bei den chemischen Prozessen in den Nuklearkraftwerken anfallen, ist dies geradezu lächerlich wenig. Noch dazu wäre der Aufwand für die Ausbildung von Personal an solchen Dekontaminierungsanlagen mit Browns Gas minimal. Beeindruckt von diesem Versuchsergebnis kam auch der Abgeordnete Bedell zu der Auffassung, daß die Forschungsergebnisse Browns für die amerikanische Regierung außerordentlich bedeutsam seien.

Und so führte Brown auf Wunsch von Bedell fast ein Jahr nach dem chinesischen Report in San Francisco vor einem Team von fünf leitenden Beamten des „United States Department of Energy" (Energieministerium) ein erneutes Experiment vor.

Bei dieser Gelegenheit behandelte er radioaktives Kobalt 60 und erhielt eine Reduzierung von 1000 auf 40 Meßeinheiten des Geigerzählers – also 4% der ursprünglichen Radioaktivität!
Weil sie ganz sicher gehen wollten, beauftragten die Beamten die örtliche Gesundheitsbehörde, den Versuchsraum und die Umgebung auf etwaige entwichene Radioaktivität zu untersuchen. Aber auch bei einem Wiederholungsversuch wurde keinerlei Strahlung mehr gefunden. Die Experimente wurden vom Kongreßabgeordneten Daniel Haley protokolliert, welcher den Vorläufer der „New York State Energy Research and Development Agency" (Energieforschungsanstalt von New York) gründete.

Seitdem ist aber über Browns-Gas-Dekontaminierung in den USA offiziell nichts verlautet. Die Ergebnisse verschwanden ganz sicher mal wieder. Offiziell existiert Browns Gas dort – wie auch anderswo – nicht; d.V.

Japanische Nuklearexperten, darunter Angehörige der Firmen Toshiba und Mitsui, die Dekontaminierungsexperimente mit Browns-Gas durchführten, waren begeistert, als sie bei Demonstrationsversuchen mit Kobalt 60 Radioaktivitätsabnahmen von 24.000 auf 12.000 mR (Milliröntgen) pro Stunde feststellten. In der Folge wurden Generatoren der Firma Norinco aus China gekauft, um eigene Forschungen durchzuführen.

Die Planetary Association for Clean Energy hat Anstrengungen unternommen, die neu entdeckte Dekontaminierungsmethode mit Browns Gas der kanadischen Umweltbehörde näher zu bringen, um eine Revision des bisherigen Plans, nukleare Abfälle in tiefen Gesteinsschichten zu versenken, zu erreichen. Damit würden niedrige Risiken und massive Einsparungen erreicht, ganz abgesehen von dem technologischen Vorsprung des Landes und der Möglichkeit, diese Technik nicht nur im Inland zu verwenden, sondern auch ins Ausland zu verkaufen.
Michrowski zählt 17 Wissenschafter auf, die diesen Vorstoß unterstützt haben, darunter auch Yull Brown selbst.

Um die Transmutation von chemischen Elementen mit niedrigem Energieaufwand (wie auch bei Browns Gas) weiter zu verdeutlichen, nennt Michrowski einige weitere Beispiele:

Bei einer Zusammenkunft an der A&M Universität in Texas wurden einige Arbeitspapiere diskutiert, die sich im Rahmen von **Experimenten mit kalter Fusion** mit Anomalien beschäftigen, die sich bei der Bildung neuer Elemente an Kathoden zeigen.

Dazu gehören:

- Die Bildung von Gold an Palladiumkathoden,
- die Umwandlung von Kalium in Kalzium.
- Aus Cäsium 133 wurde plötzlich ein Element mit der Atomzahl 134,
- aus Natrium 23 wurde Natrium 24.
- Der Wissenschaftler John Dash berichtet von Silber-, Kadmium- und Goldbrocken, die aus Palladiumelektroden herauswachsen, sowohl in Leicht- als auch Schwerwasserzellen.

- Der Wissenschaftler Robert Bush berichtet von Strontium an der Oberfläche von Nickelkathoden.
- Besonders erwähnenswert erscheinen die Langzeitversuche mit Niedrigtemperatur-Transmutation von Georgiy S. Rabzi, die er seit 1954 durchführt. So bekam ein Stahlbolzen eine kupferfarbene Oberfläche und wurde kleiner. Magnetischer Edelstahl wurde nichtmagnetisch. Asbest wurde zu einer Art Keramik.

Bei all diesen Versuchen wurde kein Auftreten von Radioaktivität *(was bedeutet, daß diese Stoffe alle stabil blieben; d. V.)* beobachtet, woraus er schließt, daß radioaktive Abfälle stabilisiert (*also entstrahlt)* werden können.

Yull Brown hatte entdeckt, daß es 36 verschiedene Wassertypen gibt, je nach der Mischung der drei Wasserstoff-Isotopen, des 1-wertigen H, des zweiwertigen H_2 (Deuterium) und des dreiwertigen H_3 (Tritium), die sich wiederum zu sechs verschiedenen Wasserstoffarten kombinieren können und mit ebenfalls sechs verschiedenen Sauerstoffarten zusammengehen können, was insgesamt 6 x 6 = 36 unterschiedliche Wassertypen ergibt. Darunter sind 18 stabile und 18 unstabile, die schnell zerfallen.
Daraus, so Michrowski, ergibt sich, daß auch 36 verschiedene Typen von Browns Gas existieren und darüber hinaus noch viele mehr, die besondere Modifikationen aufweisen. Gegenwärtig würden davon nur einige wenige erforscht.

Die Brownschen Studien hatten ja ergeben, daß das anomale Verhalten von Wasser *(daß es bei 4° C seine größte Dichte hat und im gefrorenen Zustand mehr Raum einnimmt; d. V.)* auf dessen Fähigkeit beruht, Energiemengen und die physio-chemischen Eigenschaften der verschiedenen Wasserstoff-Sauerstoff-Permutationen zu verändern. Brown hatte damit als erster erkannt, daß die verschiedenen Gaszustände sehr unterschiedliche Wirkungen hervorrufen. Dadurch wird es möglich, eine Anzahl passender, gewünschter Mischungen herzustellen und auf diese Weise auch ein chemisch-physikalisches Werkzeug zur Dekontamination nuklearer Abfälle in der Hand zu haben.

Die Planetary Association sei dabei, eine entsprechende Anwendung bei der prüfenden staatlichen Umweltbehörde vorzuführen.

Schließlich erwähnt Michrowski noch eine andere Methode der Dekontamination, die auf der Anwendung bifilar (zweiadrig gegenläufig) gewickelter Spulen („caduceus coils") beruht. Diese sogenannten „Smith coils" produzieren ein Skalarfeld, welches ein nichthertzsches Feld-Phänomen ist.

Normale elektro-magnetische Felder bestehen aus Hertzschen Wellen. Skalarwellen unterscheiden sich von diesen. Auch Nikola Tesla benutzte schon solche Spulen und Felder für seine bahnbrechenden Experimente.

Die amerikanischen Wissenschaftler Glen Rein und T. A. Gagnon, assistiert von Elizabeth Rauscher, benutzten solche modifizierten Spulen für ihre Versuche. Bei einem Input von 5 Watt zeigte eine solche Spule mit einem elektrischen Widerstand von 8,2 Ohm keinerlei elektro-magnetisches Feld *(entgegen dem, was nach schulphysikalischen Gesetzen zu erwarten wäre)*. Dennoch sank die Umgebungsradioaktivität im Versuchsraum unter dem Einfluß des Skalar-Feldes von 0,5 auf 0,0015 mR/hr, also um 97%.

Die Ausführungen Michrowskis zeigen, daß sowohl Browns Gas als auch kalte Fusion und Skalarwellen Methoden darstellen, Radioaktivität zu beseitigen.

Bliebe die Frage, welche Methoden zukünftig noch dafür entdeckt werden könnten, wenn..., ja wenn man denn endlich einmal genügend Forschungskapazität für solche Dinge einrichten würde; d.V.

Kapitel 10

Schweißen, Erhitzen und Heizen mit Browns Gas

Die Firma BEST Korea

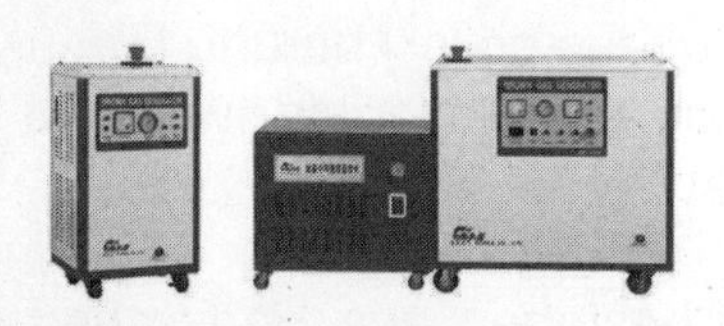

Da wir unter Kapitel 6 schon ausführliche Informationen über die Firma BEST Korea gegeben haben, beschränken wir uns hier auf die konkrete Darstellung einiger ausgewählter Generatormodelle.

Generatoren aus der Produktion von BEST Korea werden mittlerweile von vielen kleinen und mittleren, aber auch von so bekannten Firmen wie SAMSUNG, LG (früher GOLDSTAR) und POSCO verwendet.

Kleine Generatoren
(1-phasiger Wechselstrom)

Modell	**BB-300**	**BB-600**
Gasproduktion (ℓ/h)	300	600
Spannung (Volt)	220	220
Wasserverbrauch (ℓ/h)	0,16	0,32
Stromverbauch (kW/h)	1,1	2,2
Max. Betriebsdruck (kg/cm^3)	1,0	1,0
Gewicht (kg)	71	87
Maße (BxHxL) (mm)	450 x 770 x 350	550 x 770 x 400

Mittlere Generatoren
(3-phasiger Drehstrom)

Modell	**BB-2000**	**BB-2000K**
Gasproduktion (ℓ/h)	2000	2000
Spannung (Volt)	220	220
Wasserverbrauch (ℓ/h)	1,08	1,08
Stromverbrauch (kW/h)	7,5	7,5
Max. Betriebsdruck (kg/cm³)	1,0	1,0
Gewicht (kg)	205	205
Maße (BxHxL) (mm)	1000 x 950 x 630	1000 x 950 x 630

Großgeneratoren
(3-phasiger Drehstrom)

Modell	**BN-3000**	**BN-6000**
Gasproduktion (ℓ/h)	3000	6000
Spannung (Volt)	220	380/440
Wasserverbrauch (ℓ/h)	1,62	3,24
Stromverbrauch (kW/h)	10,8	22,5
Max.Betriebsdruck (kg/cm³)	1,0	1,0
Gewicht (kg)	252	650
Maße (BxHxL) (mm)	1300 x 1060 x 800	870 x 1500 x 1700

Anwendungsbereiche:
Gold- und Silberschmuck, Glasbearbeitung, Hartlöten, Wärmebehandlung, Glasschweißen, Glasschneiden, Schneiden dicker Stahlplatten

Die Firma BG Aquapower (England)

Diese Firma ist die offizielle Vertretung der Firma BEST Korea für Europa. Notwendige EU-Zertifizierungen werden derzeit erstellt.

Die Browngas-Generatoren können über BG Aquapower in England bestellt werden. Siehe dazu:
http://www.bgaquapower.eu/about-bg-aqua-power.html

Die Firma Oweld (Italien)

Auszüge aus der Beschreibung:

Oweld ist Hersteller von Gasgeneratoren, die ideal sind für das Löten unterschiedlicher Materialen in verschiedenen Bereichen der Industrie. Ihre Erfahrung darin ist sehr groß, denn sie bauen solche Generatoren als alleiniges Produkt seit dem Jahr 1981.
Diese benötigen nur destilliertes Wasser und Elektrizität, deswegen braucht man keine gefährlichen, kostspieligen und umweltverschmutzenden Gase in Flaschen mehr zu verwenden.

Die neutrale Flamme, die aus dem Brenner kommt, ist eine Mischung von Wasserstoff und Sauerstoff (erhalten durch einen Elektrolyse-Prozeß) und hat eine Temperatur von etwa 3.650°C (das Doppelte einer Azetylen-Sauerstoff-Flamme). Mit einer solch hohen Temperatur geht die Arbeit schneller vonstatten, ist einfacher und erreicht eine bessere Qualität. Darüber hinaus spart man etwa 80-90% im Vergleich zu traditionellen Systemen.

Was die Sicherheit betrifft, gibt es keinerlei Explosionsgefahr. Der Gasgenerator produziert nur das benötigtes Gas mit einem internen Druck von 0,5/0,7 Bar, entspr. 7/10 PSI.
Außerdem gibt es keine Umweltbelastungen durch Kohlenmonoxid oder andere Stoffe. Das „Abgas“ (besser: Reaktionsprodukt) ist reiner Wasserdampf.
Die Geräte sind anwenderfreundlich, denn man braucht keine besonderen Erfahrungen dafür. Der Brenner ist sehr leicht und braucht keine Regulierung.
Was die Wartung betrifft: Der Gasgenerator braucht lediglich alle 1.000 Arbeitstunden eine Reinigung.

Bereiche der Industrie, wo die Oweld-Technologie bereits erfolgreich eingesetzt wird:

- Elektromotoren, Transformatoren (Herstellung und Reparatur)
- Wicklungen
- Klimaanlagen und industrielle Kühlanlagen
- Gold- und Silberschmiede
- Lampen, Statuen usw. aus Messing
- Mode-Industrie
- Polieren von Plexiglas
- Produktion und Reparatur von Sägeblättern aus Hartmetallen

Einige ihrer Kunden sind:
MeccAlte, Sew, Leroy Somer, Carrier, Hussmann, Partzsch Elektromotoren, Prolec, General Electric, Emerson, Cerin, Schneider, Pedrollo, Swarovski.

Die Firma Siam water flame

Gwyn Mills von der Firma SiamWaterFlame war so freundlich, uns diese Informationen zu übermitteln:

„Die Firma SIAM WATER FLAME wurde 1995 in Thailand mit dem Ziel gegründet, Forschungen auf dem Gebiet neuer Energieformen durchzuführen. Sie hat sich nun zu einem der führenden Unternehmen der Energieforschung entwickelt, die sich auf die Elektrolyse von Wasser zu Sauerstoff und Wasserstoff zwecks Flammenerzeugung spezialisiert hat. Das Unternehmen ist dadurch schnell gewachsen, daß es den Wasserstoffmarkt mit innovativer Technik, Produkten hoher Qualität und einem guten Service versorgt hat. Inzwischen hat es einen ausgezeichneten Kundenstamm, zu dem Weltunternehmen wie Philips, OKI, Sony und Toshiba gehören.

SIAM WATER FLAME ist der führende Hersteller von Wasserstoff-Generatoren, die in vielen industriellen Bereichen benötigt werden. Die Produktionsabteilung entwirft und produziert Wasserstoff-Generatoren, die über präzise Kontrolleinrichtungen für den Anwender verfügen. Sie sind eine hervorragende Alternative zu Geräten, die mit komprimiertem Gas arbeiten und stellen ein reines Gas mit niedrigem Druck sofort da zur Verfügung, wo es benötigt wird.

Die Anwendungsbereiche für diese Oxy-Hydrogen-Generatoren sind: Verschweißen von IC-Verpackungen oder Prozesse der Oberflächenbehandlung, Polieren, Gasheizgeräte, Löten, Hartlöten, Schweißen, Stahlschneiden und punktuelles Erhitzen. Und es gibt noch viele weitere Anwendungsmöglichkeiten in anderen Industriezweigen.

Technical Specifications Model: HD 1750

HHO Gas Production litres/hour:	1750 nominal (2000 max.)
HHO Gas Production Pressures	1 -30 psi (set via regulator)
Power Consumption/hour with 100% Duty Cycle:	8,0 kW
Power Consumption/hour with 0% Duty Cycle	0,4 kW
Rated AC Current continuous	35 continuous (50 peak)
AC Supply Voltage	Single phase 230V
Dimensions	(LxWxH)/ mm 800x600(680)* x121

* 680mm installed width to include steel water boosters that hang to the side of machine.

Weight	kg 175
Reactor fluid capacity	9 Liter
Reactor rated pressure	160 psi
Reactor maximum operating pressure	32 psi

Reactor safety release valve	55 psi
Reactor input voltage	5 V DC
Reactor input current	1000 A
Conformity	CE ATEX II 3 G
Power Supply Efficiency	%> 79
Gas Production Efficiency	%> 70
Electrolyte Salt	NaOH Sodium Hydroxide
Recommended Electrolyte charge/	1000g dry

Um ganz spezielle Anwendungen zu ermöglichen, bearbeitet das Ingenieurteam der Firma auch alle kundenspezifischen Aufträge aus der ganzen Welt.
Unser Unternehmen SIAM WATER FLAME CO UK LTD. (England) ist eine Schwesterfirma von SIAM WATER FLAME in Thailand.

Wir von SIAM WATER FLAME UK (England) haben Wasserstoff-Generatoren speziell für den europäischen Markt konstruiert. Diese Geräte benötigen CE- und ATEX-Zertifikate, die von der Europäischen Union verlangt werden. Oder einfacher gesagt: Die meisten Generatoren auf den asiatischen Märkten besitzen nicht die Sicherheitsvorkehrungen, die für europäische Geräte erforderlich sind. SIAM WATER FLAME hat diese Marktlücke entdeckt und sich entschlossen, einen von Grund auf neuen Generatortyp zu bauen.

Es hat drei Jahre gedauert, diesen speziellen Generator zu entwickeln, den wir „Hydro-Dragon" nennen. Wir bieten davon zwei Modelle an, den HD 350 mit 350 Litern Gas und den HD 1750 mit 1750 Litern Gas pro Stunde. Zur Zeit arbeiten wir an einem HD 3500, der 3500 Liter produzieren soll. Wir führen auch eine Reihe von Brennern in unserem Programm, die für Oxy-Hydrogen-Gas vorgesehen sind.

Die Firma Eagle Research

Unter dem Namen EAGLE RESEARCH betreibt George Wiseman seit vielen Jahren Forschung auf dem Gebiet von Browns Gas und baut *patentfreie* Geräte zu Anwendungen mit Browns Gas. Hierzu zählen u. a. Gasgeneratoren für Schweißanwendungen (z. B. ER 1200 Water Torch) und Elektrolysezellen zum anteiligen Browns-Gas-Betrieb bei Autos (Hyzor).

Außerdem schreibt Wiseman nieder, was er entdeckt hat, stellt interessante Hypothesen auf, die er an Hand von Versuchen verifiziert oder verwirft. Er gibt Anleitungen für den Selbstbau heraus und weist auf Vorsichtsmaßnahmen hin. Er möchte mit seinen Veröffentlichungen auch dazu anregen, selbst neue Erkenntnisse zu gewinnen und diese in den Wissensbereich über Browns Gas einzufügen.

Näheres auf der Webseite: www.eagle-research.com

Kapitel 11

Benzinspargeräte mit Oxyhydrogen-Gas / Browns Gas

1. Deutschland

Deutschland, ja ganz Europa ist, was die Browns Gas-/ Oxyhydrogen-Technik betrifft, ein Entwicklungsland, aber sicher nicht mehr lange, wie der nächste Abschnitt zeigt.

In den USA werden in großer Vielfalt Einspargeneratoren angeboten, die ein Mischgas aus Wasserstoff und Sauerstoff in den Ansaugkanal leiten. Manche Firmen bezeichnen dieses als Oxyhydrogen, andere als Hydroxygas oder einfach als HHO (nach der Wasserformel). Sofern es sich um diese Gase handelt und nicht um reinen Wasserstoff, könnte man sie auch als „Browns Gas" bezeichnen, denn sie alle verbrennen mit ihrem eigenen Sauerstoff und nicht mit Außenluft. Ob es immer reines monoatomisches Browns Gas ist oder nicht, müßte im Einzelfall ermittelt werden.

Technische Prüfstellen tun sich immer noch schwer damit, da sie bisher nur spärliche Kenntnisse darüber haben und die vorhandene Meßtechnik nicht auf diese Technologie zugeschnitten ist. Einzelprüfungen von Fahrzeugen sind aber kostenaufwendig für den Endverbraucher. Deswegen erscheint es sinnvoll, daß die jeweilige Herstellerfirma ihre Gasgeneratoren bzw. Elektrolysezellen einer Bauartprüfung unterziehen läßt und dafür eine allgemeine Betriebserlaubnis (ABE) bekommt, die der Zulassung des jeweiligen Kraftfahrzeugs nicht im Wege steht und weitere Prüfungen überflüssig macht.

Dies ist Praxis auch bei anderen Einbaugeräten wie speziellen Auspuffanlagen, Breitfelgen, Dachgepäckträgern usw. Leider tun sich Firmen aus Deutschland da immer noch schwer, und es gibt auch nicht genügend Hersteller, die sich mit solcher Art Technik beschäftigen.

Die Firma „4CleanEnergy"

www.4cleanenergy.de
www.clean-world-energies.de

Hier nennen wir an erster Stelle die deutsche Firma „4CleanEnergy" in Jülich, die nach längerer Entwicklungszeit eine Elektrolysezelle mit relativ niedrigem Strombedarf entwickelt hat.

Man kann sie ohne Bedenken als Pionierunternehmen bezeichnen, da sie ihre Elektrolysezellen zur Zeit (Ende 2009) bei einer deutschen technischen Überwachungsstelle testen läßt. In Kürze werden die Geräte dann (hoffentlich) bauartgenehmigt (ABE) lieferbar sein.

Wir wünschen der Firma 4CleanEnergy dabei von ganzem Herzen vollen Erfolg!

Zur Technik:

Sind ansonsten Amperezahlen von 20, 30 und mehr Ampere bei solchen Zellen üblich, so ist es den Technikern von 4CleanEnergy gelungen, diese auf Werte von unter 10 Ampere zu drücken. Dazu waren spezielle konstruktive Maßnahmen notwendig:

Man verwendet u. a. keine Edelstahl-Elektroden, da diese über kurz oder lang vom Elektrolyseprozeß zerfressen werden und sich ganz auflösen, d. h. die Metallionen des Edelstahls – auch V 4A-Stahl! – sind nicht beständig, sondern gehen in die elektrolytische Lösung über. Welches Material verwendet wird, bleibt Betriebsgeheimnis.

Man erzielt laut Testbericht Einsparungen von 25 bis maximal 30 Prozent, je nach Motortyp verschieden. Auch Diesel- und Nutzfahrzeuge mit größeren Motoren können damit ausgerüstet werden. Mehrere Zellen werden nach Bedarf auch parallel geschaltet. Uns liegt das Meßprotokoll eines tschechischen Testlabors (Ingenieur Igor Skrobanek) vom 30. 12. 2008 vor, daß bei einem Lieferwagen des Typs FIAT Ducato 2,3 JTD (2,3 Liter-Turbodieselmotor) einen signifikanten Verbrauchsrückgang von 10,8 auf 8,1 l/100 km aufweist, was einer Einsparung von 25% entspricht.
Das sind Werte, die sich schon sehen lassen können.

Nicht zu vergessen: Das neue Zusatzgasgemisch reinigt außerdem die Brennräume und verjüngt den Motor. Mitunter wird auch von Leistungssteigerungen des Motors durch Wasserstoff-Sauerstoff-Gas gesprochen. Das muß durch Testreihen ermittelt werden.

Die Firma schreibt ganz optimistisch über ihre Geräte:

„...das neue Zeitalter beginnt!

Es wurde ein System zur Wasserstofferzeugung entwickelt, das in jeden PKW oder LKW nachträglich eingebaut werden kann. Dadurch kann dem Fahrzeug zusätzlich zum bisherigen Treibstoff Wasserstoff *(und Sauerstoff!)* beigemischt werden. Destilliertes Wasser wird über die Elektrolyse in

Getrennte Gaszuführung O_2 und H_2 (blau und rot), hier beim AUDI A 8

Wasserstoff umgewandelt und dient dann als zusätzlicher Treibstoff.

Die Elektrolysezelle wird im Auto fest eingebaut, wodurch Wasserstoff und Sauerstoff getrennt, über spezielle Teflonschläuche dem Motor zugeführt werden. Es ist keine Zwischenlagerung erforderlich, daher auch kein zusätzlicher Tankeinbau notwendig. Es wird nur soviel Wasserstoff produziert, wie dem Motor beigemischt werden soll. Dazu ist eine spezielle Elektronik in die Zelle eingebaut worden.

Es kann eine Ersparnis für Autos von bis zu 30% erreicht werden. Die verwendeten Materialien garantieren eine hohe Laufleistung und lange Lebensdauer. Eine Anpassung der Autoelektronik ist nur bei Benzinfahrzeugen notwendig. Auf jeden Fall muß der Einbau durch eine Fachwerkstatt erfolgen."

Was bedeutet Anpassung nun?
Bei der Anpassung geht es um die Überlistung des Sauerstoff-Sensors in der Katalysatoranlage, der bei der Meldung „zuviel Sauerstoff" – hervorgerufen durch die neue Gasbeimischung – auf fetteres Gemisch umschalten würde.
Da bei der Mischgasverbrennung aber immer mehr Sauerstoff anfällt als bei der reinen Benzinverbrennung, ist dann auch mehr Sauerstoff im Abgas. Also würde die Einspritzpumpe auf Grund des Sensorsignals mehr Benzin einspritzen und der Spareffekt wäre dahin. Zu diesem Zweck wird eine elektronische Schaltung, der „EFIE" (**E**lectronik **F**uel **I**njection **E**nhancer), eingebaut, die die Sensormeldung korrigiert. Dies ist bei allen solchen Anlagen allgemein üblich und notwendig.

Über den Einsatz in Dieselfahrzeugen schreibt die Firma 4CleanEnergy:

„Haben Sie Ihre Diesel-Fahrzeuge schon auf Salatöl umgerüstet? Wenn ja, dann sind Sie ja vielleicht auch betroffen: Wenn Sie an einer Ampel oder im Stau stehen, riecht Ihr KFZ immer ‚angenehm nach Frittenbude‘. Sie bemerken unangenehm auffallende Qualmwolken am Auspuff. Damit ist es ab sofort vorbei. ‚Air Cleaner‘ schafft hier Abhilfe. Die Verbrennung läuft mit unserer Elektrolysezelle besser. Damit gibt es keine Geruchsbelästigung mehr. Qualmwolken werden stark reduziert, so das diese nicht mehr wahrgenommen werden.“

Wir sollten hier noch anfügen, daß 4CleanEnergy vor allem auch die Betreiber großer Diesel-LKW ansprechen will, wo sehr viel Sprit verbraucht und damit auch eingespart werden kann.

Unser Kommentar:
Wer es nicht weiß: Das mit dem Salatöl (Sonnenblumenöl, Rapsöl,...) ist kein Witz, sondern eine ernsthafte Alternative, auf die schon viele umgestiegen sind. Uns ist die Firma Lohmann in München bekannt, die Selbstumbausätze schon Anfang der 90er Jahre anbot und damit Erfolg hatte. Leider hat sie ihre Tätigkeit inzwischen beendet, weil es wegen der neu eingeführten Steuer nicht mehr lohnt.
Auch gefiltertes Altöl aus der Pommes-Frites-Herstellung wurde ohne Probleme eingesetzt. Da unser Staat inzwischen aber auch hier mit einer Pflanzenöl-Steuer zuschlägt, ist diese Technik vom Finanziellen her kein Anreiz mehr.
Wir sehen daran, durch den übertriebenen Lobbyismus – Interessenwahrnehmung durch die Industrie – bei den Abgeordneten haben

Zwei Elektrolysezellen (parallel geschaltet) mit Steuerelektronik und Wasservorratsbehälter

wir eine falsche Politik, die Innovationen bestraft, statt sie zu fördern. Auch das sinnvolle Recycling von Altfetten und Altölen wird damit nicht mehr gefördert.

Sehenswert ist ein Video, das man bei YouTube sehen kann:
www.youtube.com/watch?v=eOcIEn0ntAc
Hier wird an einem AUDI A 8-Turbodiesel gezeigt, wie die Anlage verschaltet ist und welche Verbesserungen sich ergeben. Die Kohlenmonoxid- und Kohlenwasserstoff-Werte gehen auf null zurück (!) – damit **erübrigt sich ein Katalysator vollständig**. Der Kohlendioxidwert geht um den Betrag der Kraftstoffersparnis ebenfalls um ca. 30% zurück.

HHO-Verein

Unter diesem Namen vertreibt Peter Stroinsky technisch gut durchdachte Bausätze einer selbst ausgetüftelten Elektrolyse-Trockenzelle für Selbsteinbauer zu niedrigen Preisen. Das klingt verlockend und ist machbar. Da Browns Gas, Oxyhydrogen oder HHO, wie es hier genannt wird, ja ein Brennstoff ist, der auch leicht mal bei versehentlichem Kontakt mit der Außenluft durch unsachgemäße Installation sehr schnell und heftig verbrennen kann (das ist dann die Explosion eines Wasserstoff-Außenluft-Gemisches, also Knallgas, kein Browns Gas), ist Umsicht geboten. Browns Gas selbst verbrennt ja mit seinem eigenen Sauerstoff und **implodiert** dabei zu Wasser(dampf) (s.o.).
An eine solche Arbeit sollten aber nur versierte Hobbytechniker mit mechanischen und elektrotechnischen Kenntnissen herangehen, die gewohnt sind, sauber zu arbeiten, obwohl eine Installation dann im Grunde nicht sehr schwierig ist.
Die Bauform heißt Trockenzelle (dry cell), da sie nur wenig Wasser (Elektrolytlösung) enthält.
Die Zellen werden fertig montiert oder können auch in Einzelteilen bezogen werden. Zusätzlich, nicht im Preis inbegriffen, wird eine leicht verständliche Einbauanleitung nebst Vermittlung von

Grundkenntnissen in Broschürenform angeboten (als PDF-Datei oder in Papierform).

Zur Einbauanleitung:
„Komplette Beschreibung zum Bau einer HHO-Trockenzelle einschließlich Lösungen für die Fahrzeug-Elektronik sowie Bezugsquellen für die erforderlichen Materialien“

Zum Inhalt
Kapitel 1 : Technische Grundlagen
Kapitel 2 : Einbau bei Vergasermotoren
Kapitel 3 : Motorsteuerung bei Einspritzern (EFIE)
Kapitel 4 : Wartung

Die Stroinsky-Trockenzelle

Nach ausführlicher Rücksprache mit dem Elektro- und Maschinenbautechniker Stroinsky ergab sich für uns der Eindruck, daß diese Geräte bzw. Bausätze eine preiswerte, selbst einbaubare Alternative zu den wesentlich teureren, kommerziell angebotenen Geräten ist, die dadurch inzwischen immer mehr Interessenten findet, auch wenn keine Mega-Werbung dafür gemacht wird.
Wie auch bei vielen anderen Zellen nicht zu vergessen: Es muß eine Einzelzulassung für das Fahrzeug beantragt werden.
Der Vertrieb läuft über einen **ebay-shop.**

Weitere Infos unter: www.hhokat.de

Oliver Edler und Stefan Hartmann

Oliver und Stefan sind zwei findige Tüftler (tüftelnde Erfinder!) aus dem Raum Frankfurt, die eine Elektrolysezelle konstruiert und gebaut haben und diese jetzt in einer Kleinserie produzieren, um sie an interessierte Verwender abzugeben. Sie haben die Zelle „Anton" genannt, nach einer Person aus ihren Erfinderkreisen.

Die Anton-Zelle ist, wie auch die von Stroinsky, eine sogenannte Trockenzelle, d. h. sie kommt mit nur einer ganz geringen Menge Wasser bzw. Elektrolytlösung aus, das mit Hilfe von speziellen Dichtungen in den Plattenzwischenräumen gehalten wird.
Sie ist für alle möglichen Anwendungen gedacht. Es wird keine fertige Zelle, sondern ein Teilesatz geliefert.

Der einfache ANTON-Bausatz setzt sich aus folgenden Teilen zusammen:

2 Deckplatten aus Plexiglas, 11 Stahlplatten, 6 Dichtungen (werden für jede zweite Stahlplatte benötigt), 4 Anschlußnippel für das Gas, 2 Anschlußnippel für das Wasser. Er ist zum Preis von € 275 zu haben.

Bitte schauen Sie unter
http://anton-shop.com

Unter dem Namen „Brown's-Gas.de – Information und Distribution der weltweit besten Technologie" arbeitet die „SET up Handels GmbH" in Berlin.

Anton-Zelle

Ob es wirklich die weltweit beste Technologie ist, muß sich angesichts der in den USA und inzwischen auch bei uns schon recht weit entwickelten HHO-Technik der neuen deutschen Produzenten, die in den Startlöchern stehen oder noch in Kleinstserien Geräte herstellen, erst noch durch Vergleichstests zeigen.

Lothar Grüner bietet seinen Kunden Browns-Gas-Bausätze und Geräte an, die auf der Grundlage der Geräte von **Eagle Research** erstellt werden. Dazu zählen sowohl Schweißgas-Generatoren (BG 1600) als auch Benzinspargeräte (Hyzor) mit EFIE-Regelung. Es gibt dort auch eine Reihe von Büchern, Broschüren und (Um-) Bauanleitungen zu kaufen.

Näheres unter www.browns-gas.de

2. USA und Kanada

Hydrogen Garage

Unter
http://hydrogengarage.com
findet man eine Firma, die fertige Zellen, Bausätze und einzelne Teile von Elektrolysegeneratoren anbietet.

Wir fassen einige wichtige Elemente aus dem Eingangstext der Seite zusammen.
Gleich zu Beginn heißt es dort, daß hier der Ort sei, wo man lernen könne, einen „Bord-Generator für Wasserstoff und Sauerstoff“ zu bauen, der durch die Autobatterie und die Lichtmaschine (Generator) betrieben wird und frisches Ortho-Hydrogen (Wasserstoff) und Sauerstoff an Ort und Stelle produziert. Es sei das perfekteste „Luft“-Gas, das man in den Ansaugkanal leite, nicht irgendein Benzinadditiv, sondern lediglich ein explosives, aber sicheres Additivgas, welches den Kohlenstoff bekämpfe und die Kettenmoleküle der Kohlenwasserstoffe *(Benzin!)* zersprenge und schließlich die schwarzen Kohlerückstände *(Ölkohle)* beseitige. Es sei das sauberste Luftadditiv für den Motor.
Der Generator produziere 1,5 bis 2 Liter pro Minute, um damit die Meilenzahl pro Gallone (MPG) zu erhöhen und die Emissionen des Fahrzeugs besser zu säubern als irgendetwas anderes *(also auch besser als der herkömmliche Katalysator; d. V.).*
Das Hydroxy-Gas arbeite selbst wie ein Katalysator, der die Abgase beseitigt und versorge den Motor so, als fahre man mit einem 120-Oktan-Kraftstoff.

Man könne, wie geschrieben wird, eine sicher arbeitende Experimentalzelle selbst bauen, denn die Technik sei einfach. Wenn man dann diesen Wasserstoffgenerator *(eigentlich müßte es „Hydroxy-Generator“ heißen; d. V.)* in seinen PKW oder LKW einbaut, werde man feststellen, daß man damit eine zwischen 15 und 50% (20% im Durchschnitt) bessere MPG (Meilenleistung pro Gallone = also 3,8 Liter) erzielt.

Man werde diese Informationen aber nicht im Fernsehen finden, sondern nur bei YouTube. Wenn man „hydrogen cell“ oder „hydrogen generator“ eingebe, bekäme man die gewünschten Kurzfilme. Das ölabhängige Energieministerium und die großen Medienkanäle fürchteten den Verlust ihrer Kontrolle, der mit dieser besseren Technologie verbunden wäre, wenn diese sich ausbreiten würde. Aber wollen Sie denn, so steht dort, die Hälfte

aus ihrer Brieftasche einfach weggeben? Wahrscheinlich würden Sie lieber darum kämpfen, sie zu behalten.
Die Firma Hydrogen Garage will ihre Kunden ermutigen, auf diesem neuen Weg mitzugehen, weil er den Wechsel zu einem natürlichen Weg der Energieerzeugung bedeutet. Man könne sich informieren, lernen, ein eigenes Geschäft damit gründen, und unsere Kinder würden es uns danken, daß wir geholfen haben, den Smog auf diesem Planeten loszuwerden.

Man wolle den Kunden helfen, Generatoren auszuprobieren, in dem sie selbst Teile dafür kaufen, um Generatoren selbst zu bauen. Diese seien sowohl für den Bastler/Tüftler, als auch für den Mechaniker und Ingenieur gedacht.

Die Firma ist vorsichtig und betont, keine Produkte für Endverbraucher anzubieten, sondern lediglich Bauteile und Anleitung zum Bau.

Bausätze für kleine Elektrolysezellen erhält man dort von US-$ 250 bis US-$ 570.
Größere Generatoren kosten zwischen US-$ 2800 und US-$ 7500.

Hydrogen Junkie

Diese Firma bietet ähnliche Produkte an wie Hydrogen Garage und betont, daß sie dabei auf den praktischen Erkenntnissen der Arbeiten von Bob Boyce aufbaut.

siehe: www.hydrogenjunky.com

Genesis Combustion Enhancement System (USA) – Jeff Otto

(http://bwt.jeffotto.com/hafc-1.htm)

Die frühere Firma Dutchman Enterprises heißt jetzt Genesis Combustion Enhancement System und sitzt in Nevada/USA. Sie bietet einen sogenannten PICC-Konverter an, der besonders große Kraftstoffeinsparungen (50% und mehr) ermöglichen soll. Die Firma gibt sogar eine **Geld-Zurück-Garantie**, um die Seriosität ihres Verfahrens zu untermauern.

Sie schreibt:
„Unsere wissenschaftlichen Tests haben uns zu der Überzeugung gebracht, daß der PICC die Meilenleistung alle Personenwagen auf über 100 Meilen pro Gallone bringt (Stadt- und Highway-Verkehr)." (*Umgerechnet sind das ca. 4 Liter auf 160 km, entsprechend 2,5 Liter/100km).*

Der PICC (**P**re-**I**ngition **C**atalytic **C**onverter = Katalytischer Konverter vor der Zündung) ist eine, wie dort gesagt wird, bahnbrechende neue Technik, die dem Fahrzeug eine bis zu 5-fache Einsparung ermöglicht. In ihrer Einfachheit ist sie genial.
Zur Funktion:
Jedes Auto hat einen katalytischen Konverter (Katalysator). Der herkömmliche Katalysator, der im Fahrzeug gewöhnlich eingebaut ist, hat die Aufgabe, Schadstoffe zurückzuhalten und ist mit in der Auspuffanlage installiert. Er arbeitet so, daß er die großen Gasmoleküle zerkleinert, die im Motor normalerweise nicht zur Verbrennung kommen (!) und diese zu kleineren Partikeln umwandelt, die im Auspuffrohr verbrennen können, bevor sie in die Umgebungsluft entweichen, so daß weniger schädliche Abgase in die Umwelt gelangen.

Damit stellt er also lediglich einen energieverschwendenden Nachbrenner dar, der deswegen auch sehr heiß wird; d.V.

Sie schreiben: „Ob wir wohl die Gase, die durch Ihren Auspuff gejagt werden, in zusätzliche Fahrkilometer und Kraft für Ihr Fahrzeug umwandeln könnten?"

Mit anderen Worten – was wäre, wenn wir den Kraftstoff einfach „cracken" *(aufbrechen)* und in eine Masse kleinerer Partikel verwandeln würden, ***bevor*** *er überhaupt in den Motor gelangt –* ***nicht nach*** *der Verbrennung, nachdem der Motor den Kraftstoff nicht richtig genutzt hat?*

Alles, was man sonst an Energie weggeworfen hätte, würde jetzt im Motor verbrannt werden und dadurch zusätzliche Kraft und Kilometer ermöglichen! In dem man eine elektrische und magnetische Reaktion benutzt, um die Kraftstoffmoleküle in ihren elementaren Zustand zu zerkleinern, erzeugt der PICC ein **Plasma**, welches supereffektiv und sauber verbrennt! Der „Kraftstoff-Vorverbrennungskonverter" (PICC) füttert den Motor statt die Umwelt. Auf diese Weise reicht das Benzin, was man teuer bezahlt habe, weiter und ein Auspuff ist nun so nebensächlich, daß er kaum noch ins Gewicht fällt.

Nun, welche Einsparungen können erreicht werden?

Hier die Ergebnisse wissenschaftlicher Tests:
In einem Test auf dem firmeneigenen Prüfstand bekamen die Techniker in einem Benzin saufenden 318 V8-Chrysler die 9-fache Effizienz heraus. Sie ließen einen 318 V8-Chrysler-Motor auf einem nagelneuen Dynamometer (derselbe Typ, den sie in Detroit benutzen) bei 3000 UpM unter 50% Last eine Stunde lang laufen. Diese Testbedingungen entsprachen annähernd denen eines 8-Zylinder-Vans mit einer 318er Maschine, der eine Stunde lang eine 30 Grad-Steigung mit 65 mph (ca. 100 km/h) hinauffährt. Vor dem Einbau des PICC verbrauchte die Maschine 18 pounds (ca. 8 kg) Kraftstoff. Bei einem durchschnittlichen Gewicht von 6.15 pounds (2,8 kg) pro Gallone (ca. 4 Liter) würde das 2,93 Gallonen Benzin entsprechen. Wenn man das auf mpg umrechnet, bekommt man 22 mpg (miles per gallon). Die Techniker schalteten dann die Kraftstoff-Einspritzung auf die PICC-Technik um und ließen die Maschine unter exakt denselben Bedingungen eine Stunde lang laufen. Jetzt brauchte sie nur noch

2 pounds Kraftstoff anstatt 18, was eine Effizienzsteigerung vom 9-Fachen entspricht.

Mit anderen Worten, wenn das Fahrzeug mit 65mph eine Stunde lang eine 30 Grad-Steigung hochfährt, würde es 200 Meilen pro Gallone schaffen (etwa 1.4 Liter auf 100 km).

Als sie die Maschine ausschalteten, so berichteten die Forscher, rollte sie mit dem vorhandenen Plasma noch zwei Minuten weiter.

Weiter führt die Firma aus, daß der PICC erst dann eingebaut werden kann, wenn zuvor auch ein HHO-Kraftstoffaufbereitungsgerät/ Genesis Combustion Enhancement System = wasserbetriebene Brennstoffzelle) installiert wurde. Diese bereitet die Plasmaverbrennung vor; d.V.

Mittlerweile wurde eine Doppelelektrolysezelle für alle Kunden mit 4- bis 10-Zylinder-Autos entwickelt. Damit kann man die Gasproduktion der Zelle ohne Mehrkosten (im Vergleich zum vorherigen Modell) verdoppeln.

- Strombedarf 15-30 Ampere (einstellbar)
- Mit 15 Ampere erzeugt man 60 Liter Wasserstoff-Sauerstoff-Gemisch pro Stunde.
- Mit 30 Ampere erzeugt man 120 Liter Wasserstoff-Sauerstoff-Gemisch pro Stunde.
- Größe: 12,5 x 9 x 14 cm

Beispieltabelle für erzielte Einsparwerte mit dem PICC

Fahrzeugtyp	Bj.	Motor	MPG (Meilen pro Gallone) vorher	nachher	Einsparung
Toyota Corolla	1996	4 cyl	23	60	160%
Hyundai	2000	4 cyl	33	75	127%
Chevy Monte Carlo	2004	6 cyl	30	50	67%
Chevy Tahoe SUV	2004	8 cyl	15,57	25,3	63%
Honda Civic	1997	stick	31,42	50,6	61%
F-150	1995	8 cyl	12,7	33	159%
Toyota Camry	2002	4 cyl	42	63	50%
Grand Am	2000	6 cyl	33,37	64,33	93%
Marquis	2002	8 cyl	26,78	64,43	141%
Honda CRV	1999	4 cyl	26,73	62	131%
Dodge Neon	2002	2.L	39.2	73.53	88%
Plymouth Breeze	1998	4 cyl	38,46	77,84	102%
Mazda	2006	4 cyl	46	92	120%
Honda Civic	2007	4 cyl	33	85	158%
Jeep Wrangler	2000	4 cyl	17,3	26,58	53%
Subaru Legacy	2000	4 cyl	32	63	97%
Honda Accord EX	2000	4 cyl	28,4	55,9	97%
GMC Safari Van	1994	6 cyl	19,86	30,4	53%
Mazda MPV	2004	6 cyl	23,4	43,47	85%
GMC 2500 HD P/U	2001	8 cyl	9	15,2	69%
Ford Cargo Van	1995	6 cyl	11,9	43	261%
Silverado P/U	2003	8 cyl	18	33,4	85%

Ergebnisse durch wissenschaftliche Highwaytests ermittelt

Welche brisanten wirtschaftspolitischen Auswirkungen aus diesen hervorragenden Erfindung die offiziellen Stellen befürchten, zeigt folgender Beitrag.

Auf die Frage zufriedener Kunden, wann das PICC-System der Öffentlichkeit vorgestellt werden wird, antwortet die Firma JeffOtto:

„Eine gute Frage. Wir haben unseren PICC-Konverter am 4. März 2008 bei der Internationalen Konferenz für erneuerbare Energien in Washington (WIREC) vorgestellt. Wir möchten, daß alle betroffenen Bürger verstehen, was es für uns bedeutet, Ihre Treibstoffprobleme und die ganz Amerikas in den Griff zu bekommen.

Wir haben jetzt Ihre *(der Kunden)* Antwort, aber die Technik dafür zu besitzen ist nur der eine Teil der Lösung. Wir haben auf der WIREC unseren PICC erläutert und auf folgendes hingewiesen: Dieses ist das effektivste und am wenigsten umweltbelastende Fahrzeug in Amerika, aber trotzdem ist es nicht erlaubt, es auf der Straße zu benutzen! Der Grund dafür ist, daß wir, um den PICC einzubauen, den serienmäßig eingebauten Katalysator entfernen und das eingebaute Emissions-Kontrollsystem des Fahrzeugs neu programmieren müssen (on-board-Computer)."

Und das erlaubt der amerikanische Staat leider nicht...

Weitere Informationen finden Sie bei

http://bwt.jeffotto.com/picc-introduced.htm

Dort findet man einen ausführlichen Bericht über die Vorstellung des PICC-Systems auf der Konferenz in Washington.

Hoffen wir, daß statt des ermüdenden Politiker-CO_2-Blabla bald echte, zukunftsweisende Entscheidungen getroffen werden und die Regierungen dieser Welt nicht weiterhin der verlängerte Arm der Ölmultis bleiben. Wie viele Konferenzen muß es eigentlich noch geben, bis die Wahrheit auf den Tisch kommt und all die Tausende von fortschrittlichen Erfindungen umgesetzt werden, die man der Menschheit bis jetzt vorenthält? d.V.

Eagle Research

Auf die Firma Eagle Research, die ebenfalls Oxyhydrogen- bzw. Browns-Gas-Generatoren für Autos anbietet, wurde schon in Kapitel 10 eingegangen.

Hydro Club

Unter www.hydrotuning.de findet man einen Hersteller von HHO-/Hydroxygas-Generatoren, der in englischer und deutscher Sprache publiziert und in acht verschiedenen Ländern seine Produkte vertreibt. Hydro Club zeichnet sich durch eine große Produktpalette aus. Der Firmensitz befindet sich in dem kleinen mittelamerikanischen Staat Belize.

Ab € 500 bekommt man hier komplette Bausätze, Einzelbaugruppen wie EFIE-Geräte, elektronische Booster (mit 400 bis 3000 Hz-Frequenz regelbarer Gasausstoß-Verstärker), Amperemeter, Gemischregler usw.

Des weiteren hat die Firma nun ein sogenanntes EFIE-Chip Tuning im Programm, was den Problemen beim Einstellen des Bordcomputers ein Ende bereitet. Jeder Chip wird **fahrzeugspezifisch** programmiert und kann dann einfach über den OBDII-Sockel angeschlossen werden. Der Chip korrespondiert mit dem Bordcomputer (ECU) und läßt erhöhte Sauerstoffwerte im Abgas zu, ohne die Kontrolleuchte anzuschalten (!) und ohne den Motor auf den „Notfallmodus" zu schalten.

Das Ganze sei äußerst einfach zu handhaben, wie Hydro Club verspricht.

Warum auch nicht? Für jede Technik gibt es eine „Gegentechnik", die diese überlistet; d.V.

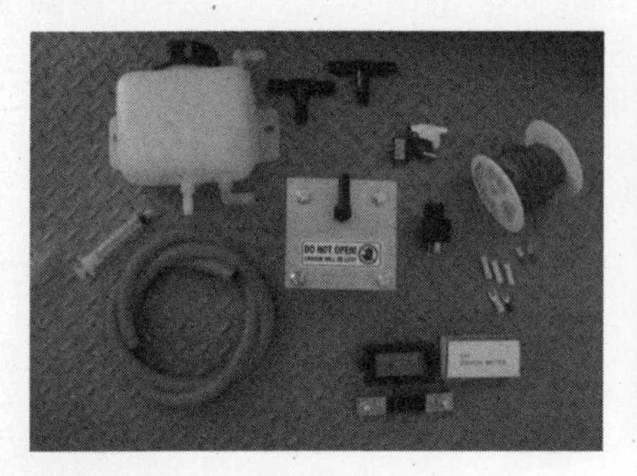

kompl. Bausatz mit Zelle, Bubbler, Kabel, Schlauch, dig. Amperemeter

PWM-Gerät (Pulsweiten-Modulation) zur weiteren Effektivitätssteigerung

Ein weiteres Thema bei Umbauten auf Hydroxygas-Zumischung (oder der von Browns Gas), das bisher in der einschlägigen Branche kaum zur Sprache kam, ist folgendes:

Wenn weniger vom herkömmlichen Kraftstoff verbraucht wird, stehen im Brennraum auch weniger Schmierstoffe zur Verfügung. Denn Benzin und Diesel sorgen u. a. auch dafür, daß eine „Obenschmierung" erfolgt, da das Motoröl nicht so weit in den Kolben hinaufreicht. Die Kolbenringe sorgen ja dafür, daß das Motoröl unten zurückgehalten wird – weil es sonst in größeren Mengen verbrennen würde – und somit unten im Kurbelwellenbereich bleibt.

Von unten her werden die Kolben also durch das Öl geschmiert, doch wenn der Kolben zum oberen Totpunkt läuft und in diesem Moment durch die neue Hydroxytechnik weniger Kraftstoff eingespritzt wird, bedeutet das, daß die Kolben bei der Abwärtsbewegung weniger geschmiert wieder nach unten laufen als sonst. Damit steht nicht mehr die volle Schmierung zur Verfügung, was erhöhte Abnutzung auch im Ventilbereich bedeuten würde.

Die Ingenieure von Hydro Club haben sich darüber Gedanken gemacht.

Hydro Club bietet deswegen für auf Hydroxygas umgebaute Fahrzeuge einen Kraftstoffverbesserer („Bi-Tron") an, der die Schmierung von oben über den Kraftstoff verbessert. In Kürze wird dieser auch in Deutschland erhältlich sein.

Auf unsere Nachfrage wurde uns mitgeteilt, daß alle Geräte in den USA hergestellt und nach Europa importiert werden.

Einzelzulassung durch eine technische Überwachungsstelle ist erforderlich. Einbauen könne es jede Fachwerkstatt oder auch der technisch versierte Laie.

Hydro Club bietet eine gut informierende Webseite, die nicht mit technischen Informationen und Abbildungen spart.

Alle Webseiten der Firma:

http://www.drive60mpg.com
http://www.hydrotuning.de
http://www.tokbox.com/HydroTuning
http://www.facebook.com „Hydro Tuning"

Brownsgas.com

Diese Webseite (www.brownsgas.com) ist eine sehr umfassende und lesenswerte Webseite (englisch!), die sich mit allen Nuancen der HHO-Technik auseinandersetzt und auch für den Wissensdurstigen viele notwendige Informationen bereitstellt, angefangen von Yull Browns Lebensgeschichte bis hin zu PKW-Elektrolysegeneratoren und Schweißtechnik.

Hier werden auch diverse Oxyhydrogen- bzw. Browns Gas-Geräte wie Gasgeneratoren, Benzinspargeräte, Heiztechnik usw. angeboten. Es sind eine Reihe verschiedener Links zu den Herstellern vorhanden.

Weitere US-Firmen mit Hydroxy-, HHO- bzw. Browns Gas Spritspar-Zellen findet man bei:

www.waterpoweredcar.com

www.stanleymeyer.com

Kapitel 12

Techniker und Ingenieure, die mit Browns Gas arbeiten

Dipl.-Ing. Peter Christof (Deutschland)

Kontakte zu mehreren Personen, die an der Verwirklichung einer neuen HHO-Elektrolysezelle (Generator) zur Gewinnung von Mischgas interessiert waren, inspirierten Christof Ende 2008, aus einem vorhandenen Prototypen, welcher in mehreren PKWs eingebaut und getestet worden war, einen leistungsfähigen HHO-Generator zu entwickeln.

Dies ergab für Christof Ende 2008 die Möglichkeit, den vorhandenen Prototypen durch Konstruktionsänderungen zu verbessern. Nachdem eine der Personen aus dem Projekt ausgestiegen war, stand Christof vor der Aufgabe, die Entwicklung des Generators allein voranzutreiben. Nach seiner Erfahrung konnte das Gerät mit 2 bis maximal 29 Einzelplatten aufgebaut werden, wobei für die erforderlichen Gasmengen der 7-Plattengenerator für PKW und der 14-Plattengenerator für Transporter ausreichten.

Das Fahrzeug von Anton S. mit dem 7-Platten-Generator wurde auf den Prüfstand gebracht und zeigte dort schon nach wenigen Kilometern Fahrleistung mit Generator eine Leistungssteigerung von 7%. Christof erwartet eine weitere Steigerung auf einen mindestens doppelt so großen Betrag nach mehreren hundert Kilometern, bedingt durch den Reinigungseffekt des Oxyhydrogen (HHO) bzw. Browns Gas. Die im Anschluß durchgeführte Abgasmessung durch den TÜV ergab eine deutliche Reduzierung von CO_2 auf null Prozent (!).

Meßprotokolle verschiedener Fahrzeugtypen

PKW	Treibstoffersparnis	Leistungsplus	Co_2
Hyundai 2,7 V6	54%	+ 27 PS	stark reduziert
VW Golf Diesel	ca. 20%	deutliche Steigerung	reduziert
VW Passat	ca. 40%	deutliche Steigerung	stark reduziert
VW Golf	ca. 20%	deutliche Steigerung	stark reduziert
Mercedes 200 Diesel	25%	deutliche Steigerung	stark reduziert (2% Ausstoß)
VW Bus T4	20%	deutliche Steigerung	stark reduziert
Toyota Corolla 1.4	60%	+16 PS	+/- 0 %
Toyota Hybrid	ca. 35%	deutliche Steigerung	0 %
Mercedes 600 S-Klasse	ca. 40 %	leichte Steigerung	stark reduziert
Opel Corsa 1.1	ca. 50%	Steigerung	leicht reduziert
VW Jetta	ca. 30%	deutliche Steigerung	stark reduziert
Nissan Sunny Diesel 2.0	ca. 35 %	deutliche Steigerung	reduziert

Christof hat diese Elektrolysezelle für die Nutzung von H_2- und O_2-Gas für jedweden Verbrennungsprozeß unter Verwendung der Elektrolyse von Wasser an einen Patentanwalt weitergereicht.

Die Anordnung der Anode und Kathode sowie die Materialverwendung als auch die Einbindung in diverse Energiegewinnungssysteme begründen seinen Patentanspruch.

Der Hauptanspruch der patentwürdigen Erfindung ist:

Zur Erzeugung der Elektrolyse wird ein Netz zur Bereitstellung großer Grenzflächen benutzt.

Erzeugung des Gasgemisches aus der Wasserelektrolyse:

Teil 1: Die metallenen Netze werden in Einzelflächen mit geringem Abstand voneinander aufgespannt. Bedingt durch die Ausdehnung von Metall bei Erwärmung kann der Idealabstand von ca. 1 mm unter vielen Anwendungsbedingungen nicht eingehalten werden. Daher verwendet Christof für den Alltags- und Praxiseinsatz aus Sicherheitsgründen einen praktikablen Abstand von 4 mm.

Dieses Netz darf durch zu niedrigen Drahtquerschnitt keinen zu hohen Innenwiderstand bekommen. Es verfügt über eine große Grenzfläche und stellt damit einen idealen Ionen-Austauschpunkt (im Gegensatz zu einer glatten Fläche) dar.

Für eine starke Wasserelektrolyse benötigt man eine Art Botenstoff (Elektrolyt), welcher den Elektronenfluß unterstützt (die Ionen „transportiert). Hier haben sich verschiedene chemische Substanzen bewährt – wie beispielsweise Kaliumnitrat oder Calciumverbindungen. In Abhängigkeit von der Stärke der gewünschten Wasserelektrolyse und der maximalen Erwärmung wird die Zugabe der chemischen Substanz bestimmt. Des weiteren kann durch ein Pulsen (es soll eine Ertrag steigernde Resonanz erzeugen – Prinzip der Resonanzkammer bei Anlegen eines polaren elektrischen Feldes) sowie durch ein Variieren der Gleichspannung die Gasmenge erheblich gesteigert werden.

Teil 2: Zur Gaserzeugung benötigt man Wasser im flüssigen Aggregatzustand. Zu diesem Wasser wird der Elektrolyt gegeben, so daß eine wäßrige Elektrolyt-Lösung entsteht. Das gasdichte, jedoch nicht diffusionsdichte Gehäuse enthält als Elektrolyseraum neben dem mit der wäßrigen Elektrolyt-Lösung gefüllten Raum auch einen oberhalb liegenden freien Raum, der sich als Gas-Vorratsbehälter-Bereich mit dem HHO-Gas füllt. Dieses sammelt sich damit über der wäßrigen Elektrolyt-Lösung.

Das Netz wird sowohl als eine Anode oder auch mehrere zusammengeschaltete Anoden als auch als eine Kathode oder mehrere zusammengeschaltete Kathoden verwendet. Diese Elektroden sind, wie bekannt, in die wäßrige Elektrolyt-Lösung eingetaucht. Alle Elektroden stehen in einem örtlich

festgelegten räumlichen Verhältnis zueinander. Zwischen den entgegengesetzt geladenen Elektroden (Anode und Kathode) entsteht ein Fluß. Man kann von einem elektrochemischen Ionenfluß sprechen, d. h. es wird ein elektrisches Potential zwischen den Elektroden hervorgerufen, wodurch das brennbare HHO-Gas erzeugt wird.
Somit führt die Anordnung der Elektroden zu der Erzeugung des brennbaren Gases – in der Regel annähernd über die gesamte Fläche der Elektroden innerhalb der wäßrigen Elektrolyt-Lösung. Die (gepulste) Gleichstromquelle wird an die abwechselnd angeordneten Elektroden angeschlossen, wobei es auch bei einem elektrisch leitenden Elektrolyseraum möglich wäre, daß der Raum und seine Wände selbst die Elektrode darstellen würden. Der ideale Elektrodenabstand liegt um 1 mm, jedoch bleibt die Funktion auch bei einem Elektrodenabstand von bis zu 1 cm und mehr erhalten, wenn auch bei stark verminderter Effektivität. Sobald eine Spannung oberhalb der Zersetzungsspannung angelegt wird, erfolgt eine sofortige („on-demand") Gasentwicklung – das Wasser spaltet sich in H_2 und O_2 als brennbares Gas auf.

Dieses HHO-Gas findet bei allen Verbrennungsprozessen und Verbrennungsmaschinen Verwendung, auch bei Schweiß-, Schnitt- und Aufschmelztechnologien. Eine Außen-/Umluftzufuhr führt Luft direkt in den Elektrolyten, um die Gasproduktion weiter anzuregen und ein Implodieren des Behälters zu verhindern. Durch eine Meßeinheit, z. B. durch das Prinzip der kommunizierenden Röhren, kann ein automatisches Nachfließen der wäßrigen Elektrolyt-Lösung erreicht werden.

Oberhalb der elektrolytischen Flüssigkeit – also im Oberteil des Behälters – sammelt sich das erzeugte brennbare HHO-Gas. Der Betrieb mit einem HHO-, einem Wasserstoff- oder einem Sauerstoffsensor ermöglicht den Aufbau einer Regelstrecke gerade für den Hybridbetrieb, welcher gewährleistet, daß nur der minimal notwendige herkömmliche Brennstoff (Benzin, Diesel, Öl, Gas, Holz, Kohle etc.) zugeführt wird.

Dieses am Beispiel eines Kfz-Motors (die im Fahrzeug vorhandenen Computersysteme bzw. Regelkreise sind elektronisch anzupassen) unter Verwendung von Kalzium (Ca) – um die Elektrolyse in Gang zu setzen – aufgezeigte Anwendungsprinzip läßt sich durch wenige Modifikationen an alle gewünschten Bereiche anpassen. Es können auch andere Elektrolysematerialien sowie andere Anordnungen Verwendung finden, z. B. gewickelter Draht etc. oder Chemikalien.

Das Ganze wird nun wie folgt zusammengebaut:

Da Edelstahldraht zwar inert (*nicht reaktiv*) ist, jedoch einen hohen Innenwiderstand aufweist, sollen die Stromwege möglichst kurz sein. Daher verwenden wir quadratische Flächen unter 10 cm Kantenlänge – ideal ist ein Quadrat mit 4 bis 6 cm Kantenlänge, wobei alle vier Ecken mit Einzeldrähten an das stromführende Kabel angeschlossen werden (Verringerung des elektrischen Widerstandes). Zur mechanischen Stabilisierung und zur Befestigung ist jedes „Quadrat" links und rechts von kleinen Metallschienen aus Edelstahl eingefaßt. Ein nichtleitendes Material (z. B. Kunststoff, Plexiglas) dient dann an der linken und rechten Seite jedes Quadrates als Befestigung im Gefäß selbst. Die einzelnen Flächen werden alternierend angeschlossen (Minus folgt auf Plus), so daß quasi eine Batterie entsteht.

Der gegenseitige Abstand der abwechselnd angebrachten Anoden- und Kathoden- Flächen beträgt, wie gesagt, 1 bis 5 mm.

Wegen der Innenwiderstände sind die Stromzufuhrkabel auf kürzestem Wege aus dem Elektrolysegefäß herauszuführen. Die Netze haben vom Boden 2 cm Abstand, damit die durch ein Ventil geregelte Luftzufuhr unter alle Netze strömen kann.
Das Wasser (besser: destilliertes Wasser) bedeckt die Quadrate oben ca. 2 bis 4 cm hoch. Oberhalb das Wassers, in einem wiederum 2 bis 4 cm freien Gasraum, befindet sich ein Befüllungsstutzen, um Wasser nachzufüllen und Gas auszuleiten.

Um sicher zu stellen, daß immer genügend Wasser im Behälter ist, kann eine automatische Nachfülleinrichtung (analog einer Vergaserschwimmerkammer) oder eine Kontrollanzeige vorgesehen werden.

Eine Verwendung des Oxyhydrogen – auch als HHO-Gas bezeichnet – als alternative Energiequelle bietet sich an, denn im Wasser steckt die dreifache Energie wie in dem gleichen Volumen Benzin oder Diesel zur Nutzung in Verbrennungsmotoren. Das Gasgemisch aus Wasserstoff und Sauerstoff eignet sich hervorragend zur Verbrennung im Motor. Bei der aktuellen, installierten Motortechnologie ist es noch der bessere Weg, statt des reinen HHO-Autos einen Hybrid zu konstruieren. Dazu führt man mit Strom aus der Lichtmaschine erzeugtes HHO-Gas dem Motor zusätzlich zu – durch den HHO Zusatz erreicht man eine Leistungssteigerung (zumeist ca. 7-20%) sowie einen wesentlich geringeren Verbrauch fossilen Treibstoffes. Die mittels HHO-Gas zugeführte Energie wird nicht direkt umgesetzt, sondern bewirkt, einfach gesagt, im Verbrennungsraum bei der Zündung eine chemische Reaktion durch die freien Atome von H und O im „status nascendi" (während des Entstehens) und macht aus einem niederoktanigen Treibstoff einen sehr hochoktanigen. Dieser verbrennt bei der Zündung gleichmäßiger und nicht unkontrolliert an mehreren zeitlich unterschiedlichen Brandherden (Klopfen oder Klingeln) und damit vollständiger und gleichmäßiger. Heute wird bei der Verbrennung des fossilen Treibstoffes bis zu 80% verschwendet (u. a. auch zur Kühlung des Kolbenbodens), d. h. von dem zugeführten Treibstoff werden nur ca. 20% wirklich in Leistung umgesetzt!

Die **H-Atome im HHO-Gas machen im Benzin das Benzol zu Cyclohexan,** und wir bekommen damit einen sehr hochoktanigen Kraftstoff. Durch die vollständige Verbrennung werden zudem alle Schadstoffe ganz erheblich reduziert. Aus einem Liter Wasser entstehen bei dessen elektrolytischer Spaltung rechnerisch bis zu 1885 Liter HHO-Gas! Es genügen also relativ kleine, selbst erzeugte Mengen, um die katalytische Wirkung beim konventionellen Treibstoff hervorzubringen. Außerdem wird der alte, festgebackene Verbrennungsrückstand an der Kolbenwand, den Ventilen und anderen inneren Motorteilen abgebaut und man erhält mit der Zeit einen nahezu „jungfräulichen“ Motor!

Wegen seiner inerten und für die Elektrolyse geeigneten Eigenschaften verwenden wir Edelstahl. Dieser hat jedoch den Nachteil, daß er gegenüber Titan, das ebenfalls inert ist, einen wesentlich höheren Innenwiderstand hat.

Anwendungsgebiete

Grundsätzlich ist jeder Verbrennungsprozeß ein Anwendungsgebiet, da jeder Verbrennungsprozeß eine Oxidation darstellt. Aus diesem Grunde ist es „unerheblich“, welcher Stoff oxidiert wird. Durch natürliche Prozesse wurden Ressourcen wie Holz, Kohle und Öl geschaffen. Historisch bedingt, durch ihre leichte Entzündlichkeit, ohne daß im Vorfeld weitere Vorbereitungsmaßnahmen zu ihrer Oxidation erforderlich waren, werden die oben genannten Stoffe vorwiegend eingesetzt.

Der Denkfehler, daß die aufzuwendende Strommenge, um an Anode und Kathode O_2 und H_2 abzuspalten – d. h. es sind nur die im Wasser vorliegenden Bindungskräfte zu überwinden -, identisch der Energiemenge wäre, welche bei einer Oxidation von H_2 entsteht, wird mit der Fehlanwendung des Energieerhaltungssatzes erklärt. Hier werden zwei vollkommen verschiedene energetische Situationen gleichgesetzt. Nach dieser Fehllogik dürfte z. B. die Energie einer Atombombe nie durch die aufgewendete Zündenergie zustande kommen.

Im ersten Schritt *ergänzen* wir die aus Holz, Kohle und Öl gewonnenen Brennstoffe, um eine saubere, höher energetische und abgasärmere Verbrennung zu erzielen.

Im zweiten Schritt *ersetzen* wir alle historischen oder heute noch verwendeten Brennstoffe einschließlich Uran.
Nachdem das HHO-Gas dann in jeder Oxidation, bei jedem energetischen Prozeß und bei jeder Art von Verbrennung Anwendung findet, wird es sowohl zur Wärmeerzeugung als auch zur Stromerzeugung sowie zur Erzeugung von Bewegungsenergie Verwendung finden.

HHO-Gasgeneratoren können dann in jeder Heizung und in jedem stromerzeugenden Verbrennungskraftwerk – neben Gas und Öl vor allem Kohlekraftwerke, welche die Umwelt ineffizient mit hohem Schadstoff- und Rußausstoß belasten – bei zukünftiger vollständiger Ersetzung des Verbrennungsstoffs Öl, Gas, Kohle, sowie in allen anderen zentralen sowie dezentralen Kraftwerken wie Blockheizkraftwerken Verwendung finden.
HHO-Gasgeneratoren können in jedem Haushalt, im Gewerbe, bei den Gemeinden und deren Betrieben im ersten Schritt im Hybridbetrieb zur Unterstützung der Heizung (extreme Verbraucher sind hier Schwimmbäder, Bäckereien etc.) angewendet werden. Im zweiten Schritt wird jeder Haushalt, jedes Gewerbe, jede Gemeinde etc. zu einer eigenen, dezentralen Versorgungseinheit, da der HHO-Gasgenerator nicht nur die Heizung ersetzt, sondern mit einem, beispielsweise durch Erhitzung von Wasserdampf betriebenen Stromgenerator auch die Stromversorgung dezentral übernehmen kann.
HHO-Gasgeneratoren können in jedem Objekt, welches zur Fortbewegung genutzt wird, im Hybridbetrieb ergänzend bei PKW, LKW, Schiffen, (Sport-)Booten, U-Booten, Zügen, Motorrädern, Flugzeugen, aber auch Elektrofahrzeugen durch Kombination von HHO mit der Brennstoffzelle verwendet werden. Zukünftig werden damit unsere Ressourcen geschont, da man weder Diesel noch Benzin etc. braucht. Selbst der Wassereinsatz ist gering, da nur H_2O ausgestoßen wird, welches kondensiert dem System wieder zugeführt werden kann. Da u. a. durch das Resonanzgesetz der Energieausstoß des HHO-Gases bedeutend höher ist als die aufgewendete elektrische Elektrolyseenergie, wird der Überschuß – neben der Aufrechterhaltung der Elektrolyse – zur Verstromung

genutzt. Dadurch können beispielsweise Elektrofahrzeuge den benötigten Strom selbst durch die Elektrolyse gewinnen und brauchen keine Batterien – außer zum Starten – mit sich zu führen.

Christof faßt aus den gewonnenen Erfahrungen und den daraus abgeleiteten Einsatzmöglichkeiten das Entwicklungspotential in sechs Punkten zusammen:

1. Nutzung eines optimierten inerten Stoffes zur Wasserelektrolyse, wobei gewünscht ist, daß sich sowohl O_2 als auch H_2 als Mischgas abspalten

2. Optimierung der zu verwendenden Fläche, so daß eine hohe Effizienz auf kleinem Raum erzielt wird

3. einfache Realisierung für den Einsatz bei allen Verbrennungsprozessen

4. Einbindung von Erkenntnissen schon vorhandener Konzepte, um einen höheren Gasausstoß zu erzielen, als er durch normale Gleichspannung bei der Elektrolyse möglich ist

5. Einsatz in Hybridsystemen – als Zumischung zu Kohlenwasserstoff-Brennstoffen

6. Vollständiger Ersatz vorhandener Brennstofftechnologie durch HH_0-Verbrennung

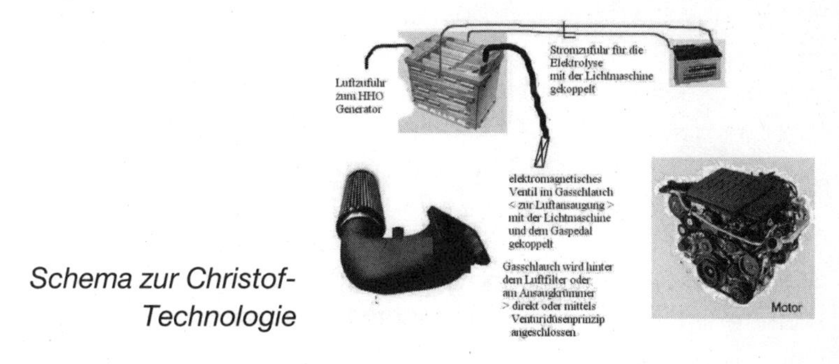

Schema zur Christof-Technologie

Das RAFÖG-Labor (Deutschland)

Hier handelt es sich um zwei sehr findige studierte Techniker, die sich experimentell mit vielen unterschiedlichen Sparten der sogenannten „freien Energie“ beschäftigen. (www.rafoeg.de)

Steffen Finger und Carl Jachulke gründeten eine private Institution, die **RaFöG Raumenergie-Fördergesellschaft**, -Werk und -Forschungslaboratorien, mit Sitz in St. Georgen/Schwarzwald. Dabei haben sie neben vielen anderen Untersuchungen, die sie machten, auch die erstaunlichen Eigenschaften von Browns Gas nachgewiesen. Wenn man dieses als Schweißgas benutzt, wird offenkundig, daß es – wie schon eingangs erwähnt – äußerst flexible Flammeneigenschaften hat. Es brennt in einer sehr langen und schmalen Flamme ab, die im Leerlaufbetrieb keine bedeutende Hitze ausstrahlt. Dann aber, auf ein zu bearbeitendes Substrat gehalten, paßt sie sich dem Material an. Gewissermaßen fragt das Gas die Schmelztemperatur des Schweißgutes ab und stellt sich darauf ein. *Steckt in Browns Gas vielleicht ein verborgenes Informationsprogramm? – So muß man sich fragen; d.V.*

Stein + Stein + Eisen mit BG verschweißt (RaFöG-Bild)

Wir haben hier ein Objekt wiedergegeben, das die RaFöG-Forscher mit Hilfe von Schweißdraht aus zwei Steinen und einem Nagel zusammengeschweißt haben. Dabei entwickelt die in der Umgebungsluft ohne Schweißgut brennende Flamme eine Temperatur von nur etwa 138° C. Trifft sie dagegen auf ein zu schweißendes Material , so entwickeln sich Temperaturen bis hinauf zu 6000° C. So schmilzt sie gleichzeitig Stein und Stein oder Stein und Stahl und läßt Schmelzen ineinander laufen.

Ein Phänomen, das von anderen Gasen nicht bekannt ist.
Dies hatte auch schon Yull Brown so beschrieben.

Randy Bunn und Mark Akkerman (USA)

Diese beiden Männer zeichnen sich durch technische Flexibilität aus, denn sie haben die Technik eines PKW-HHO-Generators für die Heizung des Eigenheims weiterentwickelt.

Der eigentliche Erfinder ist Randy Bunn, während Mark Akkerman einige weitere Ideen dazu beigesteuert hat. Bunn besitzt zwar einige mechanische Kenntnisse, aber sein eigentlicher Beruf ist Verkäufer. Im **Sommer 2008**, als die Benzinpreise in die Höhe schnellten, begann er nach verschiedenen Möglichkeiten zu suchen, mehr Kilometerleistung für sein Fahrzeug zu erreichen, in dem er sich ein Bordelektrolysegerät für Hydroxygas (Browns Gas) zulegte und dieses mit Erfolg benutzte. Wie uns schon geläufig ist, wird bei diesem Gerät das Gas in den Lufteintritt des Motors geleitet.

Er und Akkerman dachten dann, ob man diese Technik nicht auch zum Heizen des eigenen Hauses benutzen könnte. So machten sie während der folgenden zwei bis drei Monate Versuche damit. Hunderte von Leuten haben sich damit schon beschäftigt, aber niemand hat es geschafft, die Hydroxyflamme zur Wärmegewinnung einzusetzen, so dachten sie.

Bunn ist der Überzeugung, daß er dies nun fertig habe und ist bereit, seine Technologie mit dem Rest der Welt zu teilen. Er sagt, daß schon viele Menschen – besonders Skeptiker – zu ihm gekommen sind, um sich das einmal selbst anzuschauen, und dann sind am Ende aus Skeptikern überzeugte Befürworter geworden.

Kapitel 13

Paul Pantone und der GEET-Motor

Daß wir an dieser Stelle noch auf eine Erfindung eingehen wollen, die nicht direkt, aber irgendwie doch mit Browns Gas zu tun hat, liegt an der enormen Bedeutung, die wir dieser Methode des Energiesparens, besser: der richtigen Energienutzbarmachung beimessen. Es handelt sich dabei um einen Plasma-Reaktor, der herkömmliche Treibstoffe (z. B. Benzin, Diesel) so vorbehandelt, daß sie mit einem viel höheren Wirkungsgrad verbrennen.
Das erinnert übrigens auch an den PICC-Konverter der Firma JeffOtto; d.V.

Der Amerikaner Pantone lebt im Staat Utah, dort, wo die Mormonen einst in Salt Lake City ihre Tempel errichteten. Man sollte also meinen, bei diesen bekanntermaßen religiös eingestellten Menschen hätte ein Erfinder besonders gute Arbeitsbedingungen...

Pantone reichte seine Idee am 16. Mai 1997 beim US-Patentamt ein, und dieses gewährte ihm am 18. August 1998 darauf das Patent. Es trägt die Nummer 5,794,601 und ist mit „Gerät und Methode zur Vorbehandlung von Brennstoffen" betitelt. Er beschreibt seine Erfindung als neuartigen Apparat, der verschiedenste, wechselnd zur Verwendung kommende Brennstoffe so vorbehandelt, daß diese als Brennstoffe für Verbrennungseinrichtungen, wie z. B. Verbrennungsmotoren, Brennöfen, Boiler und Turbinen, verwendet werden können. Dieser Apparat schließt eine sogenannte Verdampfungskammer mit ein, in die der jeweilige Brennstoff eingeleitet wird. Diese Kammer sollte, wie er schreibt, direkt im Abgasbereich *(gleich hinter dem Auslaßkrümmer der Motors; d. V.)* eingefügt sein, wo sie von dem vorbeiströmenden heißen Abgas thermische Energie erhält, um den jeweiligen Brennstoff zu vergasen bzw.

zu verdampfen. Dabei könne zusätzlich auch noch ein Teil des Abgases zu dem einströmenden *(noch flüssigen)* Brennstoff hinzugemischt werden, um in der Verdampfungskammer die Verdampfung des Brennstoffs zu erleichtern und diesen dann durch den erhitzten Reaktor transportieren zu helfen, bevor er in den eigentlichen Verbrennungsraum *(Zylinderkopf)* gelangt.

Im wesentlichen besteht Pantones Reaktor aus einem Rohr (dem Durchlaufrohr für den Brennstoff), das koaxial in einem zweiten Rohr (dem Abgasrohr) steckt und sich dadurch stark erhitzt. Durch diese Erhitzung schließlich entsteht aus dem Brennstoff das, was wir Plasma nennen, ein heißes Gas mit besonderen Brenneigenschaften. Der Motor heizt also durch sein eigenes, ansonsten thermisch und chemisch ungenutztes Abgas seinen Brennstoff auf und macht ihn dadurch zu einer wesentlich höherwertigen Energiequelle.

Welche Brennstoffe sind denn geeignet?

Dazu schreibt Pantone, daß auch solche Stoffe als Brennstoffe in Frage kämen, die man normalerweise nicht dafür verwenden würde. Hier liegt auch der Kern seiner Erfindung. Stoffe wie Rohöl oder recycelte Stoffe wie Motoröle, Farbverdünner, Lösungsmittel, Alkohole und dergleichen und auch nicht brennbare Produkte wie z. B. Batteriesäure (Schwefelsäure).

Spätestens hier erkennen wir, daß auch Wasserspaltung (Browns Gas!) Teil des Pantoneschen Plasmagas-Prozesses sein muß, denn Batteriesäure besteht zu wesentlichen Anteilen aus Wasser. Wasserelektrolyse ist anscheinend also nicht nur durch elektrische, sondern auch durch Wärmeenergie machbar; d.V.

Um die Liste zu erweitern, gab es übrigens auch witzig klingende, aber durchaus brauchbare Vorschläge wie Tee, Kaffee oder koffeinhaltige Limonade als Treibstoffe. Betrachten wir den Umstand, das letztere überwiegend aus Wasser bestehen, wird schnell klar, daß diese durchaus Möglichkeiten darstellen.

aus: www.science-explorer.de

In einem Artikel mit der Überschrift „Der Plasmareaktor von Paul Pantone“ finden wir weitere aufschlußreiche Erklärungen. Wir geben hier das Wichtigste wieder:

Pantone war sehr aktiv und verschlief die Zeit nicht, und das war bereits Mitte der 1970er Jahre. Er experimentierte sehr viel und setzte eine ganze Reihe von Verbesserungen und neuen Ideen in weiterentwickelten Reaktortypen um.
1981 baute er den ersten funktionsfähigen GEET-Prozessor bzw. Reaktor und stellte ihn 1984 öffentlich vor. Im Jahre 1985 wurden dann die Medien auf ihn aufmerksam und ließen ihn den Prototypen eines GEET-Reaktors im Fernsehen vorstellen. GEET ist eine Abkürzung von „**G**lobal **E**nvironmental **E**nergy **T**echnology“ und ist der Name der Firma, in der Pantone die Geräte baute und vertrieb, also Umrüstsätze für Motoren im stationären und beweglichen Einsatz. Diese Technik arbeitet so effizient und sauber, daß auf Katalysatoren etc. vollkommen verzichtet werden kann!

So etwas „Unerhörtes“ muß die Katalysatorindustrie natürlich nachdenklich gemacht haben. Verantwortung fühlende Menschen würden jedoch sagen: Da hat der Pantone etwas Großartiges geleistet, feiern wir ihn und stellen wir ihn als Vorbild für andere Erfinder hin. Weit gefehlt. Dazu kam es nicht, jedenfalls nicht in breiter Öffentlichkeit; d.V.

Pantones Firma verkaufte in dieser Zeit bereits auf GEET-Technolgie umgerüstete Notstromaggregate in der Klasse bis 10 PS.
Autowerkstätten in vielen Orten bauten serienmäßige Fahrzeuge auf GEET-Technologie um, Lizenznehmer aus anderen Ländern klingelten bei ihm an der Tür. Nun, Pantone war nicht

nur Erfinder, sondern auch Geschäftsmann und ein seriöser Verhandlungspartner, der seine Partner nicht über den Tisch zog.

Typisch amerikanisch, würde man sagen, so ein Mann schafft es bis nach ganz oben. Vom Garagenbastler zum Millionär. Sollte man denken...

Wir zitieren aus dem Artikel wörtlich:
„...damals schien aber die Zeit für eine solche Erfindung noch nicht reif zu sein. Denn innerhalb von 24 Stunden nach der TV-Sendung erhielt er von staatlichen (!) und wirtschaftlichen Kreisen ernsthafte Drohungen, und er mußte um sein Leben fürchten..."

Pantone nahm die Lage sehr ernst und ließ sich in der Öffentlichkeit nicht mehr blicken. Aber ein überzeugter Erfinder gibt natürlich nicht auf. So forschte er im Privaten weiter, tüftelte, verbesserte, verkleinerte die Technik usw. Heraus kamen einige neuartige Plasmageneratoren, die eine gezielte Stoffumwandlung möglich machten und den Verbrennungsprozeß dadurch erheblich verbesserten. Dann suchte er nach Zusammenarbeit mit anderen Technikern und baute ein Verteilernetz von 50 Firmen auf, die seine Geräte zum Verkauf anboten. Er selbst wurde Chef (CEO) eines kleinen Unternehmens mit sechs Mitarbeitern. Seine Frau ernannte er zum Präsidenten der Firma. Hunderte von Interessenten aus aller Welt strömten in die kleine und feine Firma in West Valley City in Utah. Als die Technik so weit war, hatte Paul Pantone bereits Hunderte von Geräten gebaut und ca. eine Million US-Dollar investiert. Pantone sagte auch des öfteren „Wir halten nichts von Konkurrenzdenken, die Bandbreite der GEET-Anwendungen ist ungeheuer groß..."

Ein humaner, ein idealistischer Unternehmer also; d.V.

Pantone aber wurde bei seinen wirtschaftlichen Neidern und politischen Gegnern immer unbeliebter. So geht's halt im weiten Nordwesten.

Er war aber niemand, der in Büchern herumsuchte und überholte Ideen als neu unter die Leute bringen wollte. Er machte es genau umgekehrt. Er dachte selbst nach und formulierte eine Theorie, die er dann in praktischen Experimenten zu erhärten versuchte. Und er hatte damit Erfolg. Er baute und veränderte solange, bis es klappte. Dabei dachte er nur technisch-logisch (oder technologisch) und verließ sich auf seinen gesunden Menschenverstand, nichts weiter.

Was herauskam, war ein selbst induzierender Plasma-Generator. Dabei verstehen wir unter Plasma einen besonderen Materiezustand, in welchem die Atome eines Stoffes elektrisch geladen (ionisiert) werden. Dadurch kommt es zur Ausbildung elektromagnetischer Felder (wie bei einem elektrischen Funken), und die chemischen und physikalischen Eigenschaften des jeweiligen Stoffes (Flüssigkeit, Gas) ändern sich beträchtlich.

Er wollte die Verpestung der Umwelt beenden helfen, und das war schließlich ein großes Ziel. Leider lagen die Vereinigten Staaten (wie auch Europa) damals noch im Tiefschlaf einer kleinbürgerlich verpackten Wohlstandstechnologie- und Obrigkeitsgläubigkeit, trotz Hippies, Aussteigern und Alternativen. Der Durchschnittsbürger glaubte an das, was man ihm bot und hielt es für gut. Werbung erschien vollkommen glaubhaft. Und dies alles verhinderte, daß sich wahrer Umweltschutz durchsetzen konnte.

„...Normalerweise treten Ionen-Elektronen-Gasgemische erst bei sehr hohen Temperaturen auf, doch in Paul Pantones Gerät beginnt der Plasma-Prozeß auf Grund einer Unterdruckanordnung schon bei wenigen hundert Grad einzusetzen.

Auch die Größe eines Plasma-Reaktors spielt eine Rolle bei seiner Funktion. Pantone gab an, daß ein bestimmter Typ sogar ganz außergewöhnliche Brennstoffe wie Altöl, Schwefelsäure oder chemische Lösungsmittel mit einem Wasserzusatz bis 80% zu einem feinen Gasnebel aus Wasserstoff, Stickstoff und Sauerstoff umwandeln könne.

Pantone schreibt: „Hinter dem Auspuff sind keinerlei Rauchwolken mehr zu sehen... Die Konzentration schädlicher Giftstoffe geht auf null zurück. Wir stellten fest, daß sogar mehr Sauerstoff aus dem Auspuff herauskam, als der Konzentration in der Umgebungsluft der Testgarage entsprochen hat.“ (!)

Seit 1998 lieferte GEET einen elektrischen Generator von 5 kW Leistung, der von einem 10 PS-Rasenmähermotor angetrieben wurde und zusätzlich den GEET-Prozessor enthielt. So ausgestattet, lief die Maschine mit Benzin oder auch Diesel und vor allem brauchte sie jetzt nur noch ein Drittel dessen, was sie bei Betrieb ohne den Prozessor verbraucht hätte, und gewissermaßen als Zugabe waren die schädlichen Emissionen nahezu bei Null. Im Testlabor der Straßenverkehrsbehörde in New Jersey wurden im Abgas 0% des giftigen Kohlenmonoxids (CO) und 12 ppm (Teile pro Million) Kohlenwasserstoffe nachgewiesen.

Zur Funktion des GEET-Prozessors:

Durch den Unterdruck (Zentrifugalkräfte) in der Reaktorkammer beginnt die Verdampfung des Brennstoffes schon bei relativ niedrigen Temperaturen: Schwere, langkettige Moleküle zerfallen in kurze Bruchstücke. Das Zusammentreffen kalter Stoffe (relativ kühler Brennstoffdurchfluß) und heißer Abgase (heißes Abgas im Auslaßrohr) verursacht eine Art von Gewitter mit elektrischen Entladungen. Diese elektrische Energie steht zur Spaltung der Moleküle in ihre Atome zur Verfügung, so daß am Ende nur Grundbausteine des zuvor eingegebenen Brennstoffes übrig bleiben. Die ionisierten Gasmassen breiten sich aus und lassen ein elektromagnetisches Feld entstehen. Dies hat im optimalen Fall eine radiale und eine longitudinale (quer- und längswirkende) Komponente. Das selbst generierte und selbst stabilisierende Feld läßt auch keine Entstehung von störenden Plasma-Clustern

(Zusammenballungen) zu. Dabei paßt man die Länge der Reaktorkammer auf die Art des zu nutzenden Brennstoffes an, um optimale Werte zu bekommen.

Mischungen von Batterie(Schwefel-)säure mit 80% Meerwasser erfordern eine nur kurze Strecke, während Altöl (Öl mit Kohlenstoffablagerungen und schwer verbrennbaren Kohlenwasserstoffen) als Brennstoff eine längere Strecke braucht.

Auf
www.hydronica.blogspot.com

vom 19. August 2009 liest sich folgende Version zur Erläuterung des energetischen Prozesses:

„Durch die Zentrifugalkräfte im Wirbelrohr, welches in einem Wärmetauscher angebracht ist (dem Auspuffrohr), werden leichte und schwere Moleküle getrennt. Aufgrund der Temperatur und des Vakuums erhält das Wasser eine überkritische Temperatur und spaltet sich teilweise in Wasserstoff und Sauerstoff in einer thermolytischen Reaktion mit dem Eisen (Fe) durch Dampf-Elektrolyse und Kohlenstoff zu Synthesegas auf. Der Restanteil mischt sich als hyperkritischer Dampf mit dem Diesel im Kolben. Bei der hohen Kompression hilft der Wasserstoff, die Verbrennung durch Reaktionsbeschleunigung zu verbessern, und das durch die Knallgasreaktion entstandene Restwasser, die Mikro-Tropfen dehnen sich nach der Synthesegas-Explosion als Dampf schlagartig aus, welches zusätzliche Kraft auf den Motor bringt und die Motortemperatur senkt, da die Wärme nicht mehr an die Kolbenwände abgegeben, sondern in mechanische Kraft umgewandelt wird, d. h. es steigert die Effizienz des Motors bei viel weniger Abgasen und trägt sogar zur Entrußung des Motors bei."

Ganz wichtig ist: Der GEET-Prozessor benötigt keine externe Energiezufuhr, keine Kabel also und keine Lichtmaschinen-Energie.

Der Wissenschaftler Klaus Richter war eine ganze Woche in Pantones Testlabor anwesend und mochte es zunächst nicht glauben, was dieser Reaktor zu leisten im Stande ist. Er schrieb danach am 3. Juli 1995:

„Wenn ich es nicht mit eigenen Augen gesehen hätte, würde ich es nicht glauben. Meiner Meinung nach hat Paul Pantone eine einzigartige Lösung im Energiebereich entwickelt mit einem Potential, das bei weitem noch nicht ausgeschöpft ist."

Im selben Blogspot erfahren wir nun noch etwas Interessantes.

Der französische Landwirt Gillier hatte die Idee, anstatt Brennstoff und Wasser vorher zusammenzumischen, das Wasser lieber durch den GEET-Reaktor, den er besaß, aufspalten zu lassen und das entstandene Mischgas (HHO/Browns Gas) dann direkt in den Dieselmotor einzuspritzen. Landwirte haben erfahrungsgemäß im Winter viel Zeit zum Nachdenken, und das schien bei Monsieur Gillier Erfolg gehabt zu haben. Ständig steigende Kraftstoffpreise sind zwar nicht gerade der Motor des Wohlstands, dafür aber der des Erfindertums. Mit dem auf diese Weise ionisierten Browns Gas (plus Dieselanteil aus dem normalen Tank) kam Gillier bei seinem Massey Ferguson auf eine Einsparquote von sage und schreibe 50%!

Aus dieser technischen Idee heraus wurde schließlich das sogenannte SPAD-System geboren („G-Pantone Version"), ein Gerät, das speziell für Dieselmotoren gedacht ist.

Nun kommt der traurige Teil der Geschichte, der uns zeigt, daß die Umstände des Todes von Stanley Meyer doch nicht so mysteriös zu sein scheinen, wenn man sie mit der folgenden Geschichte vergleicht; d.V.

Wir fassen hier das Wichtigste eines Artikels über Paul Pantones Schicksal aus der Webseite www.freeenergynews.com (Freie-Energie-Nachrichten) zusammen.

Nachdem die GEET-Technik bekannt geworden war, wurden Hunderte von Geräten in den USA verkauft, und Tausende von Lernbegierigen nahmen an Kursen über GEET-Technik teil, auch in Übersee wie z. B. Frankreich. GEET-Fan-Clubs wurden gegründet. Bei einer 2003 in Deutschland abgehaltenen Energietagung präsentierten Dr. Hans Weber und Andreas Manthey diese Technik und ihre Anwendungsmöglichkeiten.
Trotz all dieser Publikationen und Aktivitäten haben jedoch die großen Medienkonzerne von GEET keinerlei Notiz genommen. In vielen Staaten darf man ein auf GEET umgebautes Fahrzeug nicht einmal betreiben, weil dadurch die herkömmliche Katalysatortechnik außer Betrieb genommen oder wesentlich verändert werden muß.

Man sieht, welche Schwierigkeiten es gibt, Neues an die Stelle von Altem zu setzen oder es zumindest gleichberechtigt daneben zu positionieren. Die bereits eingeführte, staatlich anerkannte, aber veraltete Technik wird per Gesetz gegen neue, bessere Technologie verteidigt, ein ungeheuerlicher Vorgang; d.V.

Es spielt also offensichtlich keine Rolle, so die Verfasser von Free-energy-news, wenn die GEET-Technik

- den Kraftstoffverbrauch halbiert oder gar drittelt.
- die eingeführten Anti-Smog-Geräte („Katalysator") weit in den Schatten stellt.
- den Bedarf an importiertem Rohöl drastisch vermindert, wenn GEET massenhaft eingesetzt werden würde.

Könnten also Auseinandersetzungen um den weiteren freien Zugang der westlichen Staaten zu den vorderasiatischen Ölquellen nicht überflüssig werden, wenn man an die Stelle des „immer mehr und „immer größer" eine Energiebescheidenheit durch effektivste Ausnutzung bereits vorhandener Kontingente setzen würde?
Dafür wäre die GEET-Technik doch ein erstklassiges Beispiel.

Und es kommt noch dicker...
Im Artikel heißt es dann wörtlich:
„...Wenn wir uns die Presse ansehen, kämpft Paul Pantone, der Entwickler von GEET, derzeit als zwangseingewiesener Insasse einer Abteilung für geistig Kranke des staatlichen Krankenhauses in Provo (Utah)...“

Es heißt dort weiter, seine Bürgerrechte seien verletzt worden und niemand aus seiner Bekanntschaft dürfe ihn besuchen. Es folgen dann einige Beschreibungen seines schrecklichen körperlichen Zustands und daß er Wasser aus einem verschmutzten kommunalen Container trinken müsse. Er habe unerträgliche Schmerzen und sein völlig überlasteter öffentlicher Verteidiger (Anwalt) könne sich nicht genügend um Paul kümmern. Paul dürfe noch nicht einmal telefonieren und den Besuch von Freunden empfangen, die rechtlichen Beistand zur Verfügung stellen könnten. Auch seine Post werde kontrolliert und es erreichten ihn zeitweilig nur per Einschreiben zugestellte Sendungen, von Ausnahmen abgesehen. Er hätte das Recht, staatlich verordnete Zwangscocktails von die Psyche verändernden Drogen abzulehnen, die bedenkliche Nebenwirkungen haben. Der Betreuer hätte ihn zur Einnahme überreden wollen, aber Paul habe das abgelehnt.

Der überlastete Betreuer wollte ihm helfen, dem bösen Spiel auf den Grund zu gehen, doch dann habe der festgestellt, daß die Anweisungen von seiner eigenen Ehefrau kämen, die die Verantwortung für diese Abteilung des Krankenhauses innehat. Kurzum, eine Situation voller Konflikte. Paul scheint sich in einer schrecklichen Situation zu befinden. Rückblickend auf die vorangegangenen Jahre wird erwähnt, daß schon im Jahre 1984, als eine lokale Zeitung über Pauls Erfindung schrieb, er schon am nächsten Tag eine Warnung erhalten habe, man werde seine Daten beim IRS (Internal Revenue System = Steuerbehörde) löschen. Das Ziel sei gewesen, ihm eine Steuerhinterziehung anzuhängen und alles zu konfiszieren. Er habe dann aber Hilfe von einem Freund bekommen, der ihm sagte, wie er solchen Tricks zu begegnen habe. Das funktionierte auch. Jahrelang versuchte Paul dann, seine Erfindung einigen Nicht-Gewinn-Organisationen vorzustellen, jedoch ohne Erfolg. Freunde versuchten, bei Umwelt- und Menschenrechts-Organisationen Hilfe zu erwirken. Das sei alles auf taube Ohren gestoßen.

1985 sei die GEET-Erfindung in den TV-Abendnachrichten gebracht worden. Am nächsten Tag habe er Drohungen erhalten. Es sei sogar eine Todesdrohung durch eine ausländische Ölgesellschaft erfolgt, wenn er die Autoindustrie nicht in Ruhe lasse.
Auch der TV-Reporter, der den Beitrag verfaßt habe, sei bedroht worden. Man teilte Paul seitens der TV-Stationen mit, daß sie nie wieder etwas über ihn senden würden, selbst wenn er über das Wasser gehen könne.

Er fand dann eines Tages durchgeschnittene Bremsleitungen an seinem Auto vor. Vertreter der „California Air Quality" warnten ihn, daß er ins Gefängnis käme, wenn er seine GEET-Reaktoren in Autos installieren würde. Er könne aber eine Sondererlaubnis für Kalifornien bekommen, wenn er das funktionsfähige Modell seiner Erfindung nebst einer Erläuterung an die Behörde schicken würde. Damit war Paul nicht einverstanden, denn er wollte nicht, daß einzelne Mitglieder der Staatsregierung ihm möglicherweise etwas stehlen würden. Diebstahlsversuche waren schon wiederholt vorgekommen.

Als Bauunternehmer hatte er mal eine Reihe von Häusern modernisiert und dann verkauft oder vermietet. Dann wurde eine Reihe seiner leerstehenden Häuser durch Vandalismus beschädigt, aber die Versicherungen zahlten nicht. Pech mit der ersten Frau und dann auch noch mit der zweiten, Vandalismus an Immobilien, die ihm gehörten, vom Bankkonto verschwundene große Beträge, nicht zahlende Versicherungen,... – Paul hatte nur noch Pech."

Weitere Details aus dem Bericht wollen wir uns hier ersparen, da das Wiedergegebene genügt, um zu zeigen, in welche Schwierigkeiten der Erfinder Paul Pantone geraten war; d.V.

Kapitel 14

Browns Gas statt Brennstoffzelle und Katalysator

Brennstoffzelle

Die sogenannte Brennstoffzelle wird schon seit Jahren von Industrie und Politik gleichermaßen als das Non-plus-ultra der Antriebstechnik gesehen.
Gehen wir der Sache einmal auf den Grund und schauen uns an, was an ihr wirklich dran ist.

Bei www.chorum.de lesen wir:

„Eine Brennstoffzelle ist eine elektrochemische Zelle, die die Reaktionsenergie eines kontinuierlich zugeführten Brennstoffes und eines Oxidationsmittels in nutzbare elektrische Energie umwandelt. In Brennstoffzellen entstehen keine komplexen Abgase, sondern nur einfache Reaktionsprodukte wie Wasser, Kohlendioxid und geringe Mengen anderer Gase. Aufgrund ihrer niedrigen Reaktionstemperaturen bilden sich auch keine Stickoxide. Brennstoffzellen arbeiten sauber und leise und verfügen über einen hohen Wirkungsgrad. So nutzt die Wasserstoff-Sauerstoff-Zelle etwa 50-60% der im Treibstoff enthaltenen Energie (zum Vergleich: Ottomotor 15-20%, Stirlingmotor 35-40%)."

Danach ist die Brennstoffzelle also doch nicht ganz abgasfrei (!), denn zur Synthese wird Umgebungsluft herangezogen, die ja nur zu etwa 21% aus Sauerstoff besteht; d.V.

Eine Brennstoffzelle (*bitte nicht mit dem bisher im Buch benutzten Begriff „water fuel cell" verwechseln, der für die Wasserelektrolyse*

in PKW verwendet wird) arbeitet also in umgekehrter Weise wie eine Elektrolysezelle. Es wird kein Wasser gespalten, sondern es wird aus Wasserstoff und Sauerstoff bzw. Umgebungsluft Wasser erzeugt.
Der dafür nötige Wasserstoff wird in Druckbehältern im Fahrzeug mitgeführt, der Sauerstoff stammt aus der Umgebungsluft.

Wir meinen, hier könnte eine weiterentwickelte Hochleistungs-Elektrolysezelle ebenfalls Wasserstoff zur Verfügung stellen, so daß man auf die Druckflasche(n) verzichten könnte oder aber den so erzeugten Wasserstoff anschließend in der Druckflasche speichern würde. Dann entfiele wenigstens die Abhängigkeit vom Tankstellennetz.

Wenn wir einmal vergleichen, dann wäre der Energiegewinnungsprozeß einer herkömmlichen Brennstoffzelle analog der Stufe des Verbrennens des erzeugten Browns Gases zu setzen. In der Brennstoffzelle wird nichts verbrannt, sondern durch die Vereinigung von Wasserstoff mit Sauerstoff mittels einer semipermeablen Membran elektrische Energie geringer Spannung und Wasser erzeugt. Bei Browns Gas bzw. HHO-Gas aber wird mit elektrischem Strom **aus** Wasser chemische Energie in Form der beiden Gase hergestellt.

Bei der Brennstoffzelle sprechen manche von einer „kalten" Verbrennung. Man könnte das mit einer Trockenbatterie (Zink-Kohle, Lithium, Quecksilber...) vergleichen, wie wir sie für den Betrieb aller möglichen elektrischen und elektronischen Geräte verwenden und nach Verbrauch wegwerfen. Hier wird ebenfalls aus der hineingesteckten chemischen Energie elektrische Energie gewonnen, nur daß hier nicht Wasserstoff und Sauerstoff benutzt werden, sondern ein sogenannter Elektrolyt sowie zwei Elektroden.
Die von der Brennstoffzelle gewonnene elektrische Energie wird dann für den Betrieb eines Elektromotors verwendet, der das Fahrzeug antreibt.

Die elektrochemischen Vorgänge in einer Brennstoffzelle produzieren Gleichstrom und Wasser bzw. Wasserdampf. Jede einzelne Brennstoffzelle erzeugt je nach Bauart unter Belastung etwa 0,7 Volt, die maximale Spannung liegt theoretisch bei 1,23 Volt. In der Praxis wird oft nur 1 Volt erreicht, was von der Bauart, Größe und Qualität der Zelle abhängt. Erst viele in Reihe geschaltete Zellen liefern eine ausreichend hohe Spannung und Leistung für den Betrieb. Ein solcher „Stack" kann aus bis zu 200 einzelnen Brennstoffzellen bestehen.

Nachteile der Brennstoffzelle sind:

- Die in der Zelle erzeugte elektrische Spannung ist sehr klein und muß durch die Hintereinanderschaltung vieler Einzelzellen auf das gewünschte Niveau gebracht werden. Das bedeutet einen großen Material- und Produktionsaufwand.
- Die Brennstoffzellenpakete haben einen sehr großen Platzbedarf.
- Der benötigte Wasserstoff wird bisher im Fahrzeug in einem speziellen aufwendigen Druckbehälter (z. B. Metallhydridspeicher) mitgeführt.
- Man benötigt dafür eine komplette Wasserstoffwirtschaft mit einem eigenen Wasserstoff-Tankstellennetz mit allen erforderlichen Sicherheitseinrichtungen beim Betanken. Dieses Netz erfordert auch spezielle Vorratslager und/ oder Großproduktionsstätten.
- Die Kosten pro kWh, auch beim Einsatz in Kraftfahrzeugen (ca. € 5000 bis 10.000), liegen um ein Vielfaches höher als die von herkömmlichen Verbrennungsmotoren (€ 50 bis 100).
- Man hat es mit einer ganz anderen Antriebstechnik zu tun, da nur noch Elektromotoren zur Anwendung kommen. Alle bisher gefahrenen Fahrzeuge sind folglich auszumustern, zu verschrotten etc., eine riesige Materialverschwendung.

Der Einsatz von Wasserstoff aus einer On-Board-Elektrolyse wäre also viel sinnvoller als der mit Druckflaschen, da er kein Tankstellennetz benötigt und dem Nutzer Unabhängigkeit ermöglicht.

Natürlich durchschauen wir das Spielchen, denn ein neues Wasserstoff-Verteilnetz würde ungeahnte neue Profitmöglichkeiten schaffen. Der Aufwand dafür würde sich für die betreffenden Unternehmen – es werden Tochtergesellschaften der Erdölkonzerne sein – dennoch lohnen, da der Dauerabsatz an Tankstellen die nötigen Gewinne einspielt. Außerdem würde Wasserstoff dann nicht aus der Wasser-Elektrolyse, sondern wieder aus fossilen Kohlenwasserstoffen gewonnen, was auch diesen den nötigen Absatz garantiert.

Katalysator

Bis in die 80er Jahre hinein existierte das Wort in Europa nur als Bezeichnung für einen chemischen Reaktions-Initiator, einen Stoff also, der eine chemische Reaktion in Gang bringt, die ohne ihn nicht begonnen hätte. Dann änderte sich 1984 die politische Meinung aus Gründen des Umweltschutzes, wie man es ausdrückte. Weiter unten werden wir noch sehen, wie weit es damit her ist.

Ab 1989 wurden Katalysatoren für PKW jedenfalls zur Pflicht.

Dagegen ist aus heutiger Sicht in Zweifel zu ziehen, ob die Katalysatorentechnik in dieser Form gerechtfertigt war, bringt sie doch neue Probleme ins chemische Umweltspiel, die es vorher nicht gab.

Natürlich ist die Bleibelastung dadurch zurückgegangen, denn Katalysatoren vertragen nur bleifreies (englisch: unleaded) Benzin, da sie sonst in ihrer inneren Struktur zerstört werden würden.

Bleifreies Benzin hätte man jedoch auch ohne die Einführung des Katalysators vorschreiben können.
Da es zum Kontext unseres Themas gehört, haben wir uns näher mit den Problemen von Katalysatoren beschäftigt, seien diese auch noch so gelobt und propagiert.
Warum gehört es thematisch hier her? Ganz einfach, weil von Browns Gas unterstützte oder ausschließlich von Browns Gas/ HHO gespeiste Motoren (Stanley Meyer) auf einen Katalysator verzichten können.

Wie Sie weiter oben schon lesen konnten, verlassen durch die mit Hilfe von Browns Gas oder Oxyhydrogen (HHO) optimierte Verbrennung praktisch keine giftigen Bestandteile mehr den Auspuff des Fahrzeugs. Dasselbe kennen wir auch von der GEET-Anlage von Paul Pantone.

Zurück zum Katalysator.

Seine Leistung besteht darin, daß er umweltschädliche Gase aus dem Abgas zurückhält, in dem er sie entweder weiterverbrennt (Oxidation) oder sie chemisch reduziert. Durch Oxidation vernichtet werden Kohlenmonoxid (CO) und H_xC_x (Kohlenwasserstoffe). Aus Kohlenmonoxid wird Kohlendioxid **CO_2** und die langkettigen Kohlenwasserstoffmoleküle werden zu **Wasser** und **Kohlendioxid** verbrannt. Man könnte den Katalysator also teilweise auch als einen „Nachbrenner" bezeichnen. Außerdem reduziert er chemisch die aus der unvollständigen Verbrennung der Kohlenwasserstoffe herrührenden Stickstoffoxide (Stickoxide) NO_x – dazu zählen Stickstoffmonoxid (NO), Distickstoffoxid – auch Lachgas genannt (N_2O) – und Stickstoffdioxid (NO_2) zu **N_2** (Stickstoff) **bzw. NH_3,** denn N_2 reagiert mit dem Wasser(stoff) des Abgases. Das Ganze ist aber gar nicht so zum Lachen geeignet, denn es hat schädliche Effekte auf die Umwelt. Außerdem gestaltet sich die Abgasreinigung durch die Stickoxide kompliziert.

Dazu lesen wir bei www.kfztech.de:

„...Ein spezieller Aspekt der Stickstoffoxide in Zusammenhang mit moderner Motorentechnik ist der Zielkonflikt zwischen Verbrauchsreduktion einerseits und der Reduktion von NO_x-Emissionen andererseits. Effiziente Motoren haben eine hohe Verbrennungstemperatur und produzieren damit mehr NO_x..."

und weiter:

„Bei magerer Gemischzusammensetzung hat der Kat eine hohe Umwandlungsrate für CO und HC, weil viel Restsauerstoff im Abgas ist. Bei zu niedrigen CO- und HC-Mengen im Abgas sinkt aber die Umwandlungsrate von NO_x. Umgekehrt ist die Konvertierungsrate von NO_x bei fettem Gemisch hoch, da genügend CO zur Reduktion im Abgas vorhanden ist. Dafür sinkt aber dann die Umwandlung von CO und HC wegen des geringen Sauerstoffanteils im Abgas."

Mit anderen Worten, je sparsamer die Motoren, desto mehr Stickoxide produzieren sie. Auf welche Eigenschaft soll man nun größeren Wert legen: Weniger Verbrauch oder weniger Stickoxide?

Ein weiteres **Problem der Stickoxide** ergibt sich nun daraus, daß aus dem Motor nicht nur reines N_2 (s. o.) entweicht, sondern – wie schon erwähnt – dieses zusammen mit Wasserstoff (aus dem Wasser stammend) zu **Ammoniak** (NH_3) reagiert. Ammoniak kennt jeder als den typischen Geruch bzw. Gestank des Landes (Gülle, Mist), wo er als Abbauprodukt stickstoffhaltiger Pflanzen- und Tierreste auftritt.

Bei manchen Katalysatoren kann man diesen Ammoniakgeruch des Abgases direkt riechen. Aber damit sind wir noch nicht am Ende des Problems...

Wir zitieren wieder eine fachliche Quelle.

aus: www.poel-tec.com

„Düngeeffekt - In einer Ende 2005 abgeschlossenen Untersuchung an 30 Fahrzeugtypen vom TÜV und Botanikern des ‚Nees-Institut für Biodiversität der Pflanzen von der Universität Bonn' ergab sich, daß... **Drei-Wege-Katalysatoren in hohem Maße Stickstoff in Form von Ammoniak freisetzen**.

Der Anteil von Ammoniak im Leerlauf ergab bis zu 25 ppm (parts per million), und bei höheren Drehzahlen steigen die Werte je nach Fahrzeugtyp auf das Drei- bis Zehnfache. Die Messungen erfolgten an der Auspuffspitze. Die Kraftfahrzeuge verteilen den *Ammoniak als feinverteilte Gülle* entlang der Straßen und in die Städte. Dieser ungewollten Düngung folgen stickstoffliebende Moose und Flechten. Schon vor zehn Jahren ergaben Luftmessungen in Schweizer Tunneln immer höhere Ammoniakwerte. Die selbst von den Forschern nicht erwarteten Ergebnisse klären *das bislang unverstandene Auftreten vom Moos* Orthotrichum diaphanum an Mauern und Bäumen in Städten zur selben Zeit. Ursprünglich war das Moos nur an Betoneinfassungen von landwirtschaftlichen Misthaufen zu finden. Die Düngung lockt auch Flechten wie zum Beispiel die Gelbflechte entlang der Verkehrsnetze in die Städte. Die Gelbflechte war früher nur im landwirtschaftlichen Biotop zu finden, vorzugsweise auf den Dächern der Viehställe.

Ammoniak verbindet sich nun in der Luft mit Stickoxiden zum Düngemittel Ammoniumnitrat. Gelangt dieses mittels Regen in den Boden, so sammelt sich die Verbindung im Wurzelbereich an und erreicht *für viele Pflanzen tödliche Konzentrationen*.

Das freigesetzte Ammoniumnitrat wird fünfmal so gut aufgenommen wie das herausgefilterte Stickoxid, ist also um ein Vielfaches wirksamer. Zwar besteht nach aktueller Sachlage keine direkte Gefährdung für die menschliche Gesundheit, doch wirkt sich die Überdüngung auf die Natur aus, welche sichtlich verarmt. So kommt es zur Verdrängung der üblichen Moose und Flechten, welche wegen der starken Konzentration von Ammoniak eingehen."

Weiter wird geschrieben, daß auch Blütenpflanzen unter dem Stickstoffeintrag leiden, denn diese sind nicht wie Moose und Flechten dazu in der Lage, den Ammoniak direkt aus der Luft zu entnehmen, sondern absorbieren ihn über das Wurzelwerk. Fahrzeugkatalysatoren seien verpflichtend eingeführt worden, um die Luftverschmutzung und das Waldsterben sowie die globale Erwärmung durch Stickstoffemissionen zu reduzieren. Bäume seien aber nicht gefährdet, ebenso wenig stickstoffliebende Pflanzen wie die Brennessel und die Brombeere. *Die Ausbreitung der Brombeere, das können wir bestätigen, ist absolut auffällig.*

In Deutschland wurde 2005, beispielsweise im Unterschied zu den Niederlanden, die Ammoniakkonzentration **nicht** gemessen.

Da haben wir den Salat! Zusätzliche Gülle statt sauren Regens. Wobei der letztere ja noch keineswegs beendet ist. ***Der Katalysator schafft also neue, ernsthafte Probleme für die Umwelt, weil er störend in den Stoffhaushalt der natürlichen Umwelt eingreift.***

Bilanz für den Katalysator also: Ökologisch nicht empfehlenswert, aber obligatorisch.

Damit haben wir ein weiteres Argument für Browns Gas, das die Verbrennung so gestaltet, daß kein Katalysator mehr erforderlich ist.

Und noch ein Nachteil des Katalysators.
Aus einem Aufsatz „Anstieg der Emissionen aus PKW-Abgaskatalysatoren: Erster Trend aus direkten Umweltmessungen" von E. Helmers und N. Mergel **(1997!)** geht hervor, daß ein weiterer unerwünschter Stoff den Katalysator verläßt, nämlich Platin, welches der eigentliche Reaktionsinitiator im Katalysator ist.
„...Als Folge von Forschungsprojekten der 80er Jahre wurde die Menge der mit der Katalysator-Technik verbundenen Platin-Emissionen zunächst als so gering eingeschätzt, daß

sie kaum analytisch hätte erfaßbar sein dürfen und auch keine Umweltrelevanz besessen hätte. Seinerzeit gemessene Platinpegel in der Umwelt wurden deshalb auf andere Quellen wie Reifen- und Fahrbahnabrieb zurückgeführt. In den 90er Jahren wurden jedoch **deutliche Anreicherungen von Platin im Boden** und in den Gräsern entlang stark befahrener Autobahnen festgestellt. Eine Abschätzung der Flußraten aus diesen Messungen ergab, daß die Pt-Emissionen aus Katalysatorfahrzeugen um bis zu drei Größenordnungen höher sein können, als ursprünglich angenommen..."

Als Beweis wird weiter angeführt, daß zwischen 1992 und 1995 eine Verdoppelung des Platineintrags stattfand und diese mit der ungefähren Verdopplung der Zahl der Katalysatorfahrzeuge korreliert.
Aus www.eco-world.de entnehmen wir:

„In zunehmendem Maße gewinnt die Untersuchung der Platingruppenmetalle **Platin, Rhodium und Palladium** in Umweltmedien an Bedeutung. Dies ist auf den seit den 80er Jahren enorm angestiegenen Einsatz dieser Elemente in Katalysatoren in Kraftfahrzeugen zur Abgasreinigung zurückzuführen..."
„...Zusätzlich kommen Rhodium als Beimengung und Palladium zum Einsatz. Letzteres wurde in der Vergangenheit überwiegend in den USA und Japan als billigere Alternative mit allerdings schlechterer Reinigungswirkung eingesetzt, wird aber nun auch bei uns zunehmend verwendet. Infolge der hohen Temperaturen im Katalysator und dem hohen Durchsatz an Abgasen werden die katalytisch wirkenden Metalle durch mechanischen Abrieb zu einem kleinen Teil über den Auspuff ausgestoßen und gelangen so in die Umwelt. In Versuchen, sowohl im Labor als auch im Feld, wurde ermittelt, daß immerhin bis zu 5 µg/km emittiert werden können. Hierbei können dann in einem Kubikmeter Abgas bei 100 km/h etwa 15 ng (Nanogramm) enthalten sein."
Weiter liest man dort, daß der Großteil der ausgestoßenen Edelmetalle im Boden bleibt, ein kleiner Teil aber in eine

mobile Form *(Flugstaub, Lösung)* überführt werden und in die Gewässer gelangen könne. Es bestehe die Gefahr, daß diese beweglichen Metallanteile von Pflanzen aufgenommen werden und letztendlich über die Nahrungskette auch den Menschen treffen.

Deutliche Anreicherungen sind bei einer Studie in München gefunden worden, bei der Grasflächen entlang verkehrsreicher Straßen über längere Zeit dem Platinausstoß ausgesetzt wurden. In umfassenden Untersuchungen wurden auch in anderen Teilen der Umwelt erhöhte Konzentrationen an Platin und Rhodium gefunden, auch an straßenfernen Orten.

Gesundheitsgefahren

Insbesondere Platin und Palladium seien wegen ihrer Allergien auslösenden Wirkung bekannt. Wer berufsbedingt erhöhten löslichen Platinemissionen ausgesetzt sei, könne an der sogenannten **Platinose** erkranken, die zu Problemen an Haut und Lungen führe. Einen besonders hohen Sensibilisierungsgrad hätten bestimmte Verbindungen des Platins. Noch stärkere allergene Wirkungen sind beim Palladium zu beobachten.

Zur aktuellen Lage

Zur Zeit seien die in der Umwelt vorhandenen Konzentrationen noch weit unter den Schwellenwerten für bisher beobachtete Wirkungen, allerdings sei eine weitere Anreicherung zu befürchten, ja sogar wahrscheinlich. Besonders bedenklich erscheine es auch, daß **bereits kleinste Konzentrationen Wirkungen im Organismus** hervorrufen könnten.

Siehe hierzu das Buch des bekannten Mediziners und Forschers Jennrich, „Schwermetalle – Ursache für Zivilisationskrankheiten" (siehe Quellenverzeichnis).

Es ist dringend erforderlich, die Anreicherungsketten in der Natur zu untersuchen und die Konzentrationen in den Umweltmedien zu überwachen, da wie so oft in der Geschichte der Menschheit eine ursprünglich gut gemeinte Idee auch negative Folgen nach sich ziehen kann.
Ein Schritt in diese Richtung ist die Untersuchung der Konzentrationen der Platingruppenmetalle Platin und Rhodium in Oberflächengewässern.

Wir wollen aber noch fragen, ob es denn keine Studien über die nachteiligen Auswirkungen von Katalysatoren aus den USA gab. Dann wäre man doch gewarnt gewesen. War also der Katalysator doch wieder nur ein neuer profitabler Schachzug zugunsten der Produkthersteller? Es scheint so; d.V.

Kapitel 15

Das Verwirrspiel mit den „erneuerbaren" Energien

Das falsche Wort

Erneuerbare Energien – was heißt das eigentlich?

DerBegriffistsoverwirrendwiedaswirtschaftspolitischeProgramm, das dahinter steht. Man zählt dazu u. a. Sonnenstrahlungsenergie, Sonnenlicht-Elektrizität („Photovoltaik"), Wind, Wasserkraft, aber auch Biogas (= Faulgas, Methan), Erdwärme, Wasserwärme und Luftwärme. Erneuerbar heißt also zunächst einmal, man kann sie erneuern. Logisch gedacht. Es wird also eine Energiemenge genommen, verbraucht (bzw. umgewandelt), und dann wird sie erneuert oder erneuert sie sich etwa von allein?

Da fängt in der unklaren Wortbildung schon die Verwirrung an. Verwirrung ist überhaupt ein Problem unserer Zeit, weil man mit Verwirrung bzw. mit mehrdeutigen Begriffen sehr gut Geschäfte machen kann. Dies ist, nebenbei bemerkt, nach unserem Informationsstand auch beim sogenannten CO_2-Problem der Fall. Um von dem Wort „erneuerbar" also schnell wegzukommen, schlagen wir „beständig" oder „natürlich" vor. Man könnte auch sagen: „Nicht-Verbrennungsenergien", vielleicht auch „Nicht-fossile Energien", also „nicht-ausgegrabene" Energien (lat., fossa; dt., der Graben).
Wobei Biogas dann nicht dazuzählt, denn hier ist wieder eine Verbrennung mit schädlichen Rückständen im Spiel. Auch der Begriff „sich selbst erneuernde Energien" trifft nicht ganz zu, denn die damit gemeinten Energien verbrauchen sich gar nicht und brauchen sich folglich auch nicht zu erneuern. Das einzige, was sich in diesem ganzen System erneuern müßte, ist die

fehlerhaft formulierte Werbung dafür. Daß alles falsche Handeln mit falschem Denken beginnt, ist schon den alten Philosophen bekannt gewesen und liegt als Last auf der ganzen Menschheit.

Die falsche Politik

Welche Rolle spielt nun die Politik bei diesen vielgelobten Energien, die eigentlich keine sind, wie weiter unten aufzuzeigen ist. Sie fördert diese Nichtverbrennungsenergien durch Geld, welches der Steuerzahler aufgebracht hat bzw. noch aufbringen muß. Sie belohnt den, der eine solche Energiequelle auf seinem Grundstück aufbaut oder in seinem Haus einbaut. Nennen wir ihn Windfuchs. Dabei geht das Ganze so weit, daß der Herr Windfuchs, der ein Windrad auf seiner Wiese betreibt, für den überschüssigen Strom, den er selbst nicht braucht, eine Belohnung in Form von erhöhter Bezahlung bekommt. Diese wird ihm garantiert und vom Netzbetreiber, letztlich aber von den Stromverbrauchern, für die ins allgemeine Stromnetz eingespeisten Kilowattstunden bezahlt.

Im folgenden wollen wir am Beispiel der Windenergie auf die Ungereimtheiten, ja die Unlogik der Förderpolitik sogenannter alternativer Energieformen näher eingehen.

Auszug aus der Internetseite www.schmanck.de, nach dem Buch von **Argus, „Die Klimakatastrophe – was ist dran?“**, die im Juli 2008 ergänzt und erweitert wurde:

Daraus einige zusammenfassende Thesen vorweg:

1. Erneuerbare Energien gibt es nicht. Diese Metapher soll bei Unbedarften den Eindruck hervorrufen, daß es billige, sichere und stetige Alternativen zum Strom aus Kernenergie, Kohle oder Erdgas gibt. Dieser politisch gewünschte Eindruck ist falsch, damit irreführend und erzeugt schweren Schaden in unserer Volkswirtschaft.

2. Die Produktion von Strom aus Wind und Sonnenlicht leidet unter schweren systemischen Mängeln. Diese erhöhen die Kosten um ein Vielfaches, verringern die Stetigkeit und Verfügbarkeit massiv und erfordern eine Pufferung von 1 : 1 bei der Windkraft und bei der Photovoltaik. Bisher konnte noch kein einziges konventionelles Kraftwerk außer Dienst gestellt werden, weil es Wind- und Solarstrom gibt. Deren notwendige Pufferung muß im wesentlichen durch Gaskraftwerke erbracht werden, welche mit Gas betrieben werden, das wir ohne diese Energiegewinnungsmethode nicht bräuchten. Windkraft und Sonnenstrom erhöhen damit drastisch unsere Abhängigkeit von Importen.

3. Eine Versorgung der Bevölkerung mit diesen Elektrizitätswerken erhöht die Unsicherheit der Stromversorgung dramatisch und verteuert extrem den Strom für alle und vernichtet dafür die Basis z. B. der Grundstoffindustrie mit ca. 1 Million Arbeitsplätzen (BDI-Präsident Thumann). Ein Ausgleich findet durch die mickrige Menge an Arbeitsplätzen der „erneuerbaren" nicht statt, im Gegenteil, deren Arbeitsplatz-Bilanz ist laut diverser Wirtschaftswissenschaftler negativ.

4. Der Landschaftsverbrauch ist gewaltig. Solarkraftwerke verbrauchen das 70-fache, Windkraftwerke das bis zu 240-fache eines Kohlekraftwerkes gleicher, aber dafür stetiger und billiger Leistung. Beim Biosprit kommt zum extremen Landschaftsverbrauch auch noch die Auslaugung der Böden hinzu, sofern die ganze Pflanze für die Spritproduktion eingesetzt wird. Der Gründünger durch Pflanzenreste entfällt.

5. Die CO_2-Bilanz ist allenfalls dürftig bis negativ; die Umweltbilanz (gemessen an Verspargelung, Flächenbedarf, Herstellung etc.) ebenfalls. Hinzu kommt:

CO_2, das als Emissionsrecht weiter verkauft wurde, wird eben woanders erzeugt.

6. Auch Biosprit ist nicht geeignet, in irgendeiner Form fossile Brennstoffe aus Öl, Gas oder Kohle zu ersetzen.

„Der Wille ersetzt die Vernunft“ – dieses Sprichwort aus dem alten Rom paßt haargenau auf die Förderung der sog. erneuerbaren Energie durch die Politik.

Erneuerbare Energien – so wird versprochen – verringern unsere Abhängigkeit von fossilen Energieträgern und blasen während der Stromerzeugung kein „klimaschädliches CO_2“ in die Atmosphäre. Daß die CO_2-Bilanz einschließlich Herstellung und Betrieb bei Wind- und Solarstromanlagen verheerend ist, hat sich inzwischen bei vielen herumgesprochen, daß sie bei Biosprit von Anfang an schlecht ist, leugnen nicht einmal die Befürworter. Sie unterscheiden aber dazu feinsinnig zwischen gutem Biosprit-CO_2 und schlechtem fossilen CO_2. Daß das der Natur völlig egal ist, wird tapfer verdrängt. Erneuerbare Energien sind aber auch aus ganz trivialen technischen und wirtschaftlichen Gründen keine Lösung zur sicheren Bereitstellung ausreichender und preiswerter Energie, sondern verschlimmern das Problem erheblich. – Warum? Sonne und Wind schicken doch keine Rechnung, schalmeit der Solarprediger Franz Alt, echot emsig der Eurosolar-Papst Hermann Scheer. Diese Volksverdummer wissen natürlich genau, daß das nicht stimmt. Auch Walderdbeeren oder Wildpilze sind kostenlos und bekommen erst durch das Sammeln einen Preis. Schließlich produziert man ja mit der Sonne nur mit erheblichem Aufwand verwendbaren Strom oder Wärme. Und erst der Wind – dort ist der Aufwand ebenfalls extrem hoch, um ein wenig Strom zu erzeugen. Aber es klingt eben gut. Und leider, viele, viele Menschen glauben diesen Schwindlern. Wie extrem und wie teuer das alles ist, schauen wir uns mal ein wenig an. Dazu ist es gut, sich die Anforderungen an eine gut funktionierende Stromversorgung vor Augen zu führen. Schreiben wir uns die drei Hauptforderungen auf – sie heißen: Wirtschaftlichkeit, Verfügbarkeit, Stetigkeit. Die

Energiewirtschaft faßt die beiden Anforderungen Verfügbarkeit und Stetigkeit zur Versorgungssicherheit zusammen und fügt – aus guten und akzeptierten Gründen – noch die Umweltverträglichkeit hinzu. Wir wollen sie aber in dieser Untersuchung getrennt betrachten. Diese Anforderungen waren bisher breiter Konsens und lagen jeder Investitionsentscheidung, ob Kraftwerk, Raffinerie, Gaspipeline etc. zugrunde. Weder der Strom aus Wind, noch aus Solarzellen kann auch nur in einer dieser drei Disziplinen – Wirtschaftlichkeit, Verfügbarkeit, Stetigkeit – hervorstechen. Im Testurteil würden diese Energiearten den Wert „mangelhaft" in jeder der Disziplinen bekommen. Und für alle drei zusammen ein beständiges „ungenügend" .

Warum?

Elektroenergie aus der Windkraft

Fragen wir zuerst mal nach deren Wirtschaftlichkeit: Ausspruch des Windlobbyisten Ralf Bischof:
Zitat: *„In Deutschland erleichtern ein stabiler Einspeisetarif, gut organisierte Gesetzgebung und entsprechende Rahmenbedingungen für Zulagen und Netzanbindung die rasante Entwicklung der Kapazitäten für Strom aus erneuerbaren Energien. Die Novelle des Erneuerbare-Energie-Gesetzes (EEG) sieht höhere Einspeisetarife vor und wird Innovationen und Investitionen fördern. Für den Sektor Windenergie ist die EEG-Novelle in jedem Fall zu begrüßen. Sie stellt eine Trendwende und einen hohen Anreiz zur Modernisierung der Anlagen dar, womit sie die gesamte Branche wiederbelebt", so Bischof (Geschäftsführer des Bundesverbandes Windenergie) gegenüber* pressetext. *Mögliche dotcom-ähnliche Folgen für den Windenergie-Sektor seien undenkbar.*

Das ist für die Verdiener im Windgeschäft wunderbar, für uns alle anderen leider nicht. – Warum? Eine Windkraftanlage (WKA) wird heute für ca. € 1000 je kW installierter Leistung errichtet. Diese installierte Leistung erreicht sie jedoch sehr selten. Nämlich nur dann, wenn der Wind mit einer Geschwindigkeit von ca. 12 m/s, das sind 6 (Beaufort, Bf) Windstärken, bläst. Das ist bereits ein starker Wind und nur wenig von Sturm und Orkan entfernt. Also liefert unsere WKA – wenn der Wind überhaupt bläst – bei geringerer Windstärke, deutlich weniger Strom, der Leistungsabfall geht nämlich mit der 3. Potenz einher. D. h. auf deutsch, halbe Windstärke bedeutet 1/8 der vorherigen Leistung. Umgekehrt natürlich auch, doppelte Windgeschwindigkeit – achtfache Leistung. Nur funktioniert das nicht so richtig. Die allermeisten Anlagen werden aus Sicherheitsgründen bei Windgeschwindigkeiten geringfügig oberhalb ihrer Nennleistung einfach abgeschaltet, die Propeller auf geringsten Widerstand gestellt. Das rettet zwar die Windkraftanlage vor der Zerstörung, reduziert aber die Stromeinspeisung von einem Höchstwert innerhalb von Sekunden auf Null. Das beschert den anderen Netzeinspeisern erhebliche Probleme, die nicht so einfach ausgepuffert werden können, aber müssen. Oder möchten Sie bei einer Operation am offenen Herzen, was Gott verhüten möge, an eine Herz-Lungen-Maschine angeschlossen werden, die durch Windenergie betrieben wird?

„Normal“ und häufig sind in Deutschland Windgeschwindigkeiten von 4 bis 7 m/s. Bei 6 m/s beträgt die Leistung einer WKA nun nicht die Hälfte, sondern wie schon erwähnt nur ein Achtel der Nennleistung. Sind es statt 6 nur 4 m/s, so sinkt die Leistung auf mickrige 3,7% der Nennleistung. Das ist der Hauptgrund – neben der unsteten Windverfügbarkeit generell – daß die WKAs in Deutschland einen Nutzungsgrad von deutlich unter 20% haben. Im Jahre 2006 waren es nur knapp 17%, im Jahre 2007 ein klein wenig mehr. Für den Investor bedeutet dies, daß er in eine Stromfabrik investieren soll, die nur zu weniger als 20% ihrer verfügbaren Zeit überhaupt Strom produziert. Bei Kern- oder Kohlekraftwerken liegt dieser Wert um die 90%! Jetzt wird auch klar, warum die ursprünglich relativ geringe Investitionssumme von

€ 1000 je kW in der Realität zu einer extrem hohen Investsumme von deutlich über € 5000 je kW führt, denn diese Fabrik ist ja fast nie lieferbereit. 83% ihrer Zeit steht sie still! Zu diesen schweren Nutzungs-Problemen kommt der extreme Flächenverbrauch. Man kann die WKAs nicht einfach dicht an dicht stellen. Sie brauchen einen Mindestabstand zueinander, um die Windenergie – wenn sie dann kommt – optimal zu nutzen. Der Physiker Alvo von Alvensleben schreibt dazu:
Zitat: *„Die Strömung hinter dem Rotor ist turbulent, und jedes Windrad wirft einen Windschatten. Das muß man bei der Anlage von Windparks bedenken. Als Faustregel gilt, daß der Abstand der einzelnen Windturbinen zueinander in der Hauptwindrichtung 5 bis 9 Rotordurchmesser betragen soll, und in der Querrichtung 3 bis 5 Durchmesser. Das ist aus Platzgründen nicht immer möglich. Deshalb rechnen zum Beispiel die Betreiber der zwei Windmühlen auf der Holzschlägermatte am Schauinsland mit 15% Ertragsverlust der zweiten Mühle wegen Windschatten von der ersten.*" Zitatende.

Und der „grüne" Hamburger Bildungsserver schreibt: *„So ist zum Beispiel ein Kohlekraftwerk mit 650 MW elektrischer Leistung auf ein Areal von circa ein bis zwei Quadratkilometern konzentriert. Um die gleiche Leistung aus Windgeneratoren zu erbringen, müssten „325" Anlagen zu je zwei Megawatt oder „6.500" (Paranthese und Hervorhebung vom Verfasser) Anlagen zu je 100 Kilowatt errichtet werden. Wenn zwischen den 2-Megawatt-Konvertern jeweils nur 300 Meter Abstand beständen, ergäbe das einen Flächenstreifen, der mehr als 100 Kilometer lang wäre."* Zitatende.

Diese Berechnung ist stark zu Gunsten der Windkraft geschönt, aber in der Tendenz stimmt sie. Es werden in der Tat Riesenflächen gebraucht. Da für eine 2,5 MW-WKA ein Rotordurchmesser von etwa 100 m benötigt wird, sind 300 m Abstand oder drei Rotordurchmesser zum optimalen Betrieb (mit nur 17 % Nutzungsgrad!) sicher sehr optimistisch oder schlicht „schön" gerechnet. Benötigt würden real min. 500 m in Hauptwindrichtung, besser 900 m, und 300 m bis 500 m in Querrichtung. D. h. um ein Kohlekraftwerk mit 650 MW und 90% Nutzungsgrad zu ersetzen, benötigt man in etwa und großzügig gerechnet, eine Windkraftanlagenkette (mit 17 % von 2,5 MW = 0,425 MW gelieferte, dafür unstetige Leistung) von sage und schreibe 1.376 Stück, die auf einer Strecke von min. 0,5 km x 1376 Stück = 688 km Länge aufgestellt werden müßten. Das ist länger als die Luftlinie von Berlin nach Aachen! Sollte die dann annähernd ihre Nennleistung erbringen und gegenseitige Behinderung vermindern, müßte der Abstand eher auf 700 m steigen, was die Aufbaustrecke auf 963 km – ungefähr die Entfernung Berlin-Paris erhöhen würde. Da hilft es auch nicht viel, daß der emsige Windbauer und Landwirt einen großen Teil des Landes unter der WKA weiter mit Biospritgetreide bebauen könnte. Er hat einfach nicht, und wir erst recht nicht, diese riesigen Flächen zur Verfügung. Der Flächenverbrauch ist riesig, denn quer zu Hauptwindrichtung dürfte ja auch keine andere WKA stehen, (vielleicht nur erdhügelähnliche biofreundliche Nullenergiehäuser, die den Windstrom nicht beeinträchtigen). Denn, mit 300 m Minimalabstand in Querrichtung und 500 m in Hauptwindrichtung ergibt sich ein Flächenbedarf von 206 km^2, beim optimalen Abstand von 500 m sind das gewaltige 481 km^2. Das ist zwischen 100 mal bis 240 mal die Fläche eines einzigen mittleren Kohlekraftwerkes. Und, damit wäre gerade mal ein einziges Kohlekraftwerk nominal ersetzt worden. Ein gigantischer Landschaftsverbrauch, der eigentlich nur noch vom viel gepriesenen Biolandbau getoppt wird. Für wie dumm halten uns eigentlich die WKA-Befürworter in Politik und Wirtschaft? Offensichtlich – mit Erfolg – für sehr dumm.

Kommen wir nun zu den Kosten. Kein normaler Mensch würde unter diesen Umständen in Windparks investieren. Das geht nur mit massivem Zwang und Unterstützung durch die Politik. Zu diesem Zweck wurde noch 1991 unter Kohl das Stromeinspeisungsgesetz geschaffen und später als EEG oder Energieeinspeisegesetz von Rot-Grün novelliert. Ein trickreiches

Gesetz, das die ungeliebten Versorger zwingt, dem Anbieter von erneuerbarer Energie diese beständig abzukaufen und zwar zu extrem überhöhten, staatlich festgelegten Preisen. Der darf dafür großzügigerweise diesen Zwangseinkauf, mit Aufschlägen versehen, an den Verbraucher weitergeben. Damit liegt der schwarze Peter der folgenden zwingenden Preiserhöhung beim Versorger. Der Staat – Auslöser dieses Verwirrspieles – kassiert über die Mehrwertsteuer mit und darf behaupten, keine Subvention für diese Energien zu zahlen. Kein Wunder, daß dieses trickreiche Gesetz der Hauptexportschlager der dann rot-grünen Regierung wurde, wie Umwelt-Staatssekretär Michael Müller fast schon euphorisch mitteilte. So sei das EEG ganz oder in Teilen schon in über 46 Länder der Welt exportiert worden. Die Regierungen gehen wohl zu Recht davon aus, daß die Dummen eben einfach nicht aussterben.
Die sog. Einspeisevergütung beträgt bei landgebundenen WKAs ca. 8,9 ct/kWh und wird ab 2009 auf 9,5 ct/kWh erhöht. Für Offshore-Anlagen sind gerade 13 bis 15 ct/kWh festgelegt worden. Dieses Geld wird dem Windmüller von den Versorgern bezahlt (und mit deftigen Aufschlägen uns Verbrauchern belastet), wann immer der den Strom liefert, unabhängig davon, ob er gebraucht wird oder nicht. Diese leiten den Strom dann – unstetig wie er ist – in das Netz ein. Dabei gilt die Faustregel, daß jedes kW aus Wind mit einem weiteren kW aus Gaskraftwerken aus einsehbaren Gründen gepuffert werden muß. Das Verhältnis ist 1 :1! Ein kW Windleistung bedingt 1 kW Fossilleistung aus Gas! Leistung, die also doppelt bereitgestellt werden muß, um halb geliefert zu werden. (Bei Starkwind schaltet die Gasturbine ab und bei Flaute läuft sie mit Volldampf.)

Der Einspeisevergütung von 8,9 ct/kWh stehen Erzeugerpreise aus Braunkohle und Kernenergie von etwa 2,4 ct/kWh gegenüber, bei der Steinkohle liegt dieser Preis bei etwa 4,0 ct/kWh. Die Kosten für zusätzliche Leitungsnetze, Anbindung an das Stromnetz und Regelenergie betragen ca. 2,4 Cent/kWh, zusammen also 11,3 ct/kWh. D. h. die Windenergie belastet uns Verbraucher direkt mit bis zu den 4,5-fachen Kosten aus konventioneller Stromerzeugung. Niedersachsen leistet sich zusätzlich den Luxus – und uns die Bürde -, per Gesetz statt der bisherigen kostengünstigen aber häßlichen Freileitungen Erdkabel vorzuschreiben. Die sieht man nicht mehr, sie kosten dafür aber rund das Achtfache. Kein Wunder, wenn Großfirmen wie Siemens und EON, die inzwischen dick im Geschäft sind, begeistert bei dieser Abzocke des Verbrauchers mitmachen.

V. Alvensleben schreibt dazu: Die von mir oben genannte Luxusabgabe beträgt € 80,30 je Megawattstunde. Das ergibt Gesamtkosten von (2003) 1,57 Milliarden Euro pro Jahr, die allen Stromverbrauchern erspart würden, wenn der Strom statt aus Windenergie auf herkömmliche Weise erzeugt werden würde... Noch schlimmer, im Jahre 2007 waren rund 19.500 Windräder in Deutschland installiert. Und die Kosten haben sich weiter erhöht. Inzwischen sind wir bei € 89,17 je Megawattstunde und damit bei einer Zusatz-Belastung der Bürger durch EEG und Wind von 3,442 Mrd. €. Oder anders ausgedrückt: Jedes dieser Windräder belastet den Bürger mit € 176.512 pro Jahr. Der Wahnsinn hat Methode. Darin sind die allfälligen direkten und indirekten Subventionen aber noch nicht enthalten. 2002 summierten sich diese Kosten lt. einer Aufstellung von v. Alvensleben auf ca. 2 Mrd. € pro Jahr. Dies dürften inzwischen deutlich mehr sein, rechnen wir konservativ mit nur 2,5 Mrd. € heute. Dann kostet uns der zerstörerische Luxus Windenergie jährlich etwa 6 Mrd. €. Bei etwa 45.000 Arbeitsplätzen, die die Windindustrie vielleicht brutto aufbietet, wird somit jeder Arbeitsplatz von uns – gezwungenermaßen – mit € 133.000 subventioniert. Diese horrende Subventionierung der ABM Windenergie wird wohl nur noch von der für Solarstrom überboten. (...) Manche Politiker haben die Ungeheuerlichkeit dieser Abkassiermethodik erkannt und auch angesprochen. Wer in Anlagen an günstigen Standorten investiert, kann damit eine Verzinsung erzielen, wie sie anderswo meist unerreichbar ist. Der ehemalige sächsische Ministerpräsident Kurt Biedenkopf hat Windkraftanlagen deshalb als „Maschinen zum Gelddrucken“ bezeichnet, und der Wirtschaftsminister Clement

sagte in einem Interview im September 2003: Zitat: „Aber es geht auch nicht, daß sich manche – und das wissen wir doch, es sind Zahlen dazu veröffentlicht worden -, daß aus der Anlage in eine Windenergieanlage ein Gewinn von 16 bis 20 Prozent folgert. Zeigen Sie mir mal andere Anlagen, aus denen man so viel Gewinn ziehen kann. Man muß doch über diese Dinge offen sprechen, ich tue das einfach, ich spreche darüber offen: Das geht so nicht weiter."
Stimmt: Beide Herren sind – vielleicht auch aus dieser Offenheit heraus – nicht mehr im Amt.

Ende unseres zitierten Textes von Argus. Derselbe Autor weist in einem weiteren, hier nicht wiedergegebenen Text nach, daß die staatlich-wirtschaftliche Handhabung der Sonnenenergie nicht anders ist.

Der Text zeigt uns in erschreckendem Maße, wie man – ähnlich wie in der sogenannten weltweiten Wirtschaftskrise – durch eine falsche Handhabung von Geld und Investitionen immense Ungerechtigkeiten in den Energiemarkt bringt, die wir alle zu bezahlen haben, wie man durch einseitige Bevorzugung einer Technik andere Techniken zurückdrängt, wie man durch Spekulation eine Szenerie schafft, die letztlich keine Lösungen bietet, sondern zum Selbstzweck wird. Ein solches Vorgehen kann man nur als Förderung von Geldspekulation bezeichnen.

Stellte die Politik Browns Gas als die alternative Energie an die Stelle der Windenergie und begründete damit ein wirklich neues wirtschaftspolitisches Szenario, dann wären wir alle sicher schon sehr viel weiter. Browns Gas/HHO ist überall verfügbar, wenn man ihm die Möglichkeit gäbe, entstehen zu können. Browns Gas produziert keine Rückstände und verbraucht keine Rohstoffe. Es ist wetterunabhängig und kann nach Bedarf auch gespeichert werden.

Browns Gas kommt vom Wasser. Wasser ist Energie. Wasser ist Leben. Browns Gas ist Leben.

Kapitel 16

Weitere Anwendungsmöglichkeiten von Browns Gas

Browns Gas verträgt sich mit allen anderen Technologien der Energiegewinnung.

Gehen wir also über die bereits erwähnten Technologien des Benzinsparens und der Schweißtechnik hinaus, finden wir viele weitere Anwendungsmöglichkeiten für Browns Gas. Man fragt sich, warum diese nicht längst umgesetzt wurden.

Nehmen wir einmal die vielgepriesenen alternativen, nicht fossilen Energien, die ja aus Gründen der Pufferung bekanntlich die fossilen bis heute nicht ersetzen können. Außerdem ist es ein schwer vorstellbarer Gedanke, daß große Bereiche unserer Landschaft zu Windmühlen- oder Solarpanelen-Parks umgestaltet werden, nur weil das zur Zeit gerade in Mode ist.

Was kann Browns Gas hier bewirken?

Ganz einfach: Browns Gas kann bei den bisher installierten derartigen Systemen die Funktion eines Speicherenergieträgers einnehmen (s. u.). Oft weht der Wind nicht oder zu schwach oder zu stark, nicht immer scheint die Sonne. Deshalb kann in Zeiten von „richtig" wehendem Wind und scheinender Sonne ein großer Betrag dieser elektrischen Energiemengen (oder auch alles) zur Elektrolyse von Wasser und damit zur Gewinnung von Wasserstoff oder besser noch Browns Gas genutzt werden. Die aufwendige Wasserstoffgewinnung aus fossilen Energien entfiele dadurch. Browns Gas oder Wasserstoff können gespeichert werden und stünden dann als Energieträger auf Abruf zur Verfügung, sowohl für die Stromerzeugung in Verbrennungskraftwerken (ohne schädliches Abgas!) als auch direkt zur Wärmegewinnung für Wohnung, Handwerk und Industrie.

Denken wir an die geplanten Offshore-Windparks, die nicht nur keine landschaftliche Bereicherung, sondern auch eine Quelle unvorhersehbarer Störungen von Ökosystemen im Wasser und in der Luft und nicht kalkulierbaren Reparaturaufwands darstellen. Hier könnte Browns Gas aus Seewasser direkt an Ort und Stelle mit der Strömungsenergie der Gezeiten gewonnen werden und dazu benötigte man nicht einmal diese häßlichen Windrotoren.

Wenn nicht vollständig aus Wasser und mit der Energie aus Wasser, wie es nach den Verfahren von Stanley Meyer u. a. möglich ist, so kann die Gewinnung von Browns Gas zunächst auch direkt mit elektrischer Energie aus Wasserkraft, aus Windelektrizität oder aus Sonnenelektrizität betrieben werden.

Browns Gas/HHO/Oxyhydrogen ist ebenso in Blockheizkraftwerken denkbar, wo es Gas, Öl oder Strom aus Kraftwerken anteilig ersetzen kann, in dem es mit Hilfe des vorhandenen elektrischen Generators gewonnen und dem fossilen Brennstoff hinzugemischt werden kann. Browns Gas kann, direkt am Stromnetz gewonnen, zum Heizen und Kochen im Haushalt verwendet werden. Solche Geräte sind in verschiedenen Ländern Asiens bereits im Handel. Browns Gas hilft, wie wir dargestellt haben, maßgeblich dabei, Benzin oder Diesel einzusparen. Es kann außerdem in herkömmlichen gas- oder ölbetriebenen Heizungsanlagen hergestellt und dann hinzugemischt werden.

Vor allen Dingen denken wir bitte dabei wieder an eines: Bei der Browns-Gas-Gewinnung aus Wasser wird kein zusätzlicher Rohstoff verbraucht, sondern nur die Verbrennung fossiler Stoffe optimiert.

Aus www.svpvril.com entnehmen wir diese nützlichen Vorschläge (Auswahl):

Ein auf die Größe des Hauses zugeschnittener Browns Gas-Generator kann in vielen verschiedenen Bereichen eingesetzt werden.

Heizung:

Mit Browns Gas (=BG) können Katalytöfen zur Raumheizung und katalytisch arbeitende Küchenherde betrieben werden. Diese wären wegen ihrer bedeutend niedrigeren Wärmeverluste vorteilhaft. Die Temperatur hängt von dem jeweiligen Gerät ab, wobei ein solches mit einem Edelmetallkatalysator auf keramischem Trägermaterial bei etwa 400 bis 600° C und einer Leistung von 4 bis 5 Watt/cm^2 arbeitet. Wenn man solche Edelmetallkatalysatoren verwendet, benötigt man zur BG-Verbrennung keine Zündung. Geräte mit porösem Sintermaterial, die eine Zündung benötigen, erreichen 700 bis 800° C und Leistungen von 15 bis 20 Watt/cm^2.

Im Gegensatz zur Verwendung von Wasserstoff oder Kohlenwasserstoffgasen (Propan, Butan) in Küchenherden entzieht Browns Gas keinen Sauerstoff aus dem Raum. Es fallen nur geringe Mengen von Wasserdampf an, die keine spezielle Lüftung erfordern. Raumheizungen, die mit BG-betriebenen Katalytöfen arbeiten, haben mehr als 95% Wirkungsgrad.

Kühlung:

Durch Komprimieren und Dekomprimieren von BG kann man Wasser, Lebensmittel oder auch ganze Räume (Klimaanlage) abkühlen. Effizienter geht es, wenn man eine BG-Flamme direkt auf den Kühlmittelkreislauf (z. B. Freon) richtet.

Man kann durch Rückgewinnung aus der BG-Verbrennung auch sehr reines (destilliertes) Wasser gewinnen.

Wenn man, wie Brown es vorgemacht hat, BG durch Implosion entzündet und in das entstandene Vakuum Wasser einströmen läßt, kann man dieses Verfahren als Energiespeicher benutzen. Das durch Implosion über einen Schlauch in einen höher stehenden Tank (z. B. 10 Meter) gelangte Wasser kann dann kontrolliert herabströmen und dabei eine kleine Turbine betreiben, die elektrischen Strom abgibt. Unter günstigen Bedingungen bekommt man aus einem Liter Wasser aus 10 Metern Höhe 98 Watt Energieausbeute. Aus 1866 Liter Wasser können 182,9 kW pro Liter gewonnen werden. Ein solches System wurde schon einmal zehn Jahre lang betrieben, wobei die BG-Speicherung über 98% Wirkungsgrad hatte. Das Ganze mit herkömmlichem Flüssiggas betrieben, würde 20% teurer sein, so daß es sinnvoll ist, BG im Hause selbst herzustellen.

Auch zu Solarzellen paßt BG. Hier kann es die umfangreichen Speicherbatterien ersetzen und damit verbundene lästige Wartungsarbeit überflüssig machen. Zu einem solchen Konzept würde ein hocheffektives Speichersystem mit einem BG-Generator und eine Gasverteilung zu den verschiedenen Anwendungsbereichen (Heizung, Kühlschrank, Klimaanlage) sowie zu einem Wechselrichter (Gleichstrom zu Wechselstrom) gehören. Auch andere Geräte sind denkbar.

Im Kfz-Bereich kann BG *(wie schon ausführlich dargestellt)* ebenfalls verwendet werden. Das Team des Magazins „Electronics Australia" fand heraus, daß nur wenig umzubauen ist. Im wesentlichen gehört dazu das Entfernen des Vergasers *(denn BG ist ja schon fertiges Gas)*, an dessen Stelle nur ein Druckminderer und ein Drosselventil eingebaut werden. Dazu kommt eine Verstellung des Zündzeitpunktes (re-timing), da BG eine wesentlich höhere Flammengeschwindigkeit hat als ein Benzin-Luft-Gemisch. Wegen des reinen Wasserdampfes als Verbrennungsprodukt tritt keine Korrosion auf, und es bilden sich keine Kohlenstoffablagerungen. Außerdem läuft der Motor wegen der Absorptionswärme aus dem Abdampf kühler, wenn dieser sich beim Austritt aus den Zylindern ausdehnt *(Verdunstungskälte)*. Es gibt keine Verschmutzung.

BG-Generatoren (Elektrolysezellen) produzieren cirka 340 Liter Gas pro Kilowattstunde. Das ist zwischen 16 und 194 mal billiger als Flaschengas (Sauerstoff/Wasserstoff) und zwischen 7 und 58 mal billiger als Azetylen-Sauerstoff-Gas. Es hängt von den jeweiligen Elektrizitäts- und Befüllungskosten ab.

Schlußwort

Wenn nun eigentlich alles gesagt ist, was für den technisch gebildeten Laien interessant ist und was wir in diesem Buch über Browns Gas darstellen und berichten konnten, hoffen wir damit gleichzeitig, der Welt, oder jedenfalls einem Teil davon, etwas gegeben zu haben, auf das sie wartet. Nachdem die Erfinder lange genug in ihren Werkstätten getüftelt haben, ist es an der Zeit gewesen, ihnen ein Sprachrohr zu geben. Das haben wir versucht.

Wir sind der Überzeugung, daß es keinen Weg an Browns Gas vorbei geben wird, solange denkender und verantwortlich handelnder Geist die Welt regieren kann.

Jede Gesellschaft ist nur so weit entwickelt wie ihre Technik. Die Verbrennungstechnik fossiler Stoffe ist keine moderne, sondern eine veraltete Technik, die lediglich in einem etwas aufpolierten Gewand daherkommt. Sie ist dadurch noch nicht fortschrittlich und neu. Die spitzfindigen elektronischen Bedienungsspielereien sowie die unpraktischen flammenförmigen Karosserieformen der PKWs sollen heute glauben machen, auf dem automobilen Sektor wäre ständig etwas Neues zu haben. Das stimmt im Grunde nicht, denn es wird weiter die alte Fossil-Technik angeboten.

Dann aber zu sagen, wir bräuchten jetzt Elektroautos, ist scheinheilig. Mit welcher Art von Strom sollen die denn betrieben werden?
Sie können wiederum nur aus den Kraftwerken veralteter Technologie (Verbrennung, Atomkraft) versorgt werden. Und damit wird ja wieder Umweltschaden und CO_2 produziert... obwohl mehr CO_2 natürlich keinem schadet. Aber das ist ein anderes Thema.
Unsere deutsche Regierung, mit welchen Parteienbeteiligungen auch immer, täte gut daran, sich um diese Energieform zu kümmern und Gelder bereitzustellen, damit es nicht weiterhin nur

Idealisten überlassen bleibt, Browns-Gas-Geräte zu konstruieren und an den Mann zu bringen, sondern diese Eingang finden werden in eine Massenproduktion.

Das wird aber erst dann möglich sein, wenn breite und staatlich geförderte, vorurteilsfreie Forschung einsetzt. Dabei könnte mit einem Bruchteil der Fördergelder, die weltweit in die CO_2- bzw. Klimaforschung gesteckt werden, Browns-Gas-Wasserstoff-Technik zu einer Methode vervollkommnet werden, die den massenweisen Einsatz in allen Bereichen der Verbrennungstechnologie ermöglicht.
Die großen Automobilkonzerne wollen bis jetzt davon immer noch nichts hören und wollen glauben machen, das alles könne nicht funktionieren. Gegenbeweise aber gibt es genug.

Vor allem muß im Kfz-Bereich ein fortschrittliches Genehmigungsrecht installiert werden, das dieser Technologie bei der technischen Zulassung (ABE) keine neuen Hindernisse in den Weg stellt, mögen diese auch noch so sehr von Interessengruppen gewünscht sein.

Wasser ist auf diesem Planeten unbegrenzt vorhanden. Es wäre töricht, die darin versteckte Energie ungenutzt zu lassen und dafür an einer kostspieligen, aufwendigen und neue Umweltbelastungen oder gar Krankheiten hervorrufenden Kompensationstechnik (Katalysator) oder der wesentlich teureren und komplizierteren Brennstoffzelle festzuhalten, nur weil dafür schon Produktionsinvestitionen getätigt wurden und diese sich amortisieren sollen.

An Geld darf es nicht scheitern. Wenn es so leicht erscheint, mit dem Geld des Steuerbürgers Banken vor dem Zusammenbruch zu retten oder der Windenergie den nötigen finanziellen Antrieb zu geben, dann dürfte es noch viel leichter sein, mit einem Bruchteil dieses Geldes eine neue abgas- und CO_2-freie deutsche Technik auf den Weltmarkt zu bringen.

Mögen alle Verantwortlichen aufwachen und an Jules Vernes Prophezeiung denken, daß die Welt eines Tages Wasser „verbrennen“ werde statt Kohle.

Eine Bitte haben wir noch.
Es reicht nicht, ein Buch zu lesen. Das ist natürlich ein guter Anfang, kann aber noch nicht alles sein. Helfen Sie, liebe Leser, bitte mit, daß Browns Gas-Technik endlich als die Energieform der Zukunft öffentlich zur Kenntnis genommen und dann flächendeckend in die Realität umgesetzt wird. Tun Sie den ersten Schritt, und entscheiden Sie sich für Browns Gas-/HHO-Elektrolysezellen zum Spritsparen. Nutzen Sie BG-Schweiß- und Wärmetechnik (die betreffenden Hersteller sind hier im Buch aufgeführt). Werden Sie aktiv, wo immer Sie auf Politiker und Unternehmer treffen. Machen Sie Ihren Mund auf und fordern Sie echten Fortschritt für alle. In Abwandlung eines bekannten Sprichworts sagen wir zum Schluß:

„Wer nicht zu spät kommt, den belohnt das Überleben.“

Quellen und weiterführende Informationen

1. www.brownsgas.com
2. www.browngas.com
3. www.stanleymeyer.com
4. http://jnaudin.free.fr
5. http://jlnlabs.online.fr
6. www.ahealedplanet.net
7. www.svpvril.com
8. www.amasci.com
9. www.h2o-project.de
10. www.browns-gas.de
11. www.free-energy-info.co.uk
12. www.blacklightpower.com
13. www.kraftgas.com
14. www.borderlands.de
15. www.overunity.de
16. www.panaceauniversity.com
17. www.h2o-antrieb.de
18. www.free-energy.ws
19. www.bgaquapower.eu
20. www.siamwaterflame.co.uk
21. www.puharich.nl
22. www.rexresearch.com
23. www.neee.biz
24. www.rafoeg.de
25. www.jeffotto.com
26. http://en.allexperts.com
27. http://hydrogengarage.com
28. www.marchlabs.com
29. www.pesn.com
30. www.aero2012.com
31. www.global-scaling-koeln.de
32. www.h2orse.com

33. www.sourcewire.com
34. www.oxidizerservice.com
35. www.oxy-hydrogen.com
36. www.ichfahrhydro.de
37. www.hydrotuning.de
38. www.hydrogen-gas-savers.com
38. www.hydropowercar.com
39. www.azhydrogen.com
40. www.hhoplusgas.com
41. www.runyourcaronwaterfyi.com
42. www.watertogas.com
43. http://aquygen.blogspot.com
44. http://automitwasserfahren.blogspot.com
45. www.hydronica.blogspot.com
46. www.peswiki.com
47. www.eike-klima-energie-eu
48. http://schule.de
49. www.sportkat.ch
50. www.poel-tec.com
51. www.kfztech.de
52. www.eagle-research.com
53. www.wasserauto24.de
54. www.mweisser.50g.com
55. www.guns.connect.fi
56. www.brown-gas-energie.de
57. www.chorum.de
58. www.eco-world.de
59. www.clean-world-energies.de
60. www.browns-gas.de

Alexandersson, Lebendes Wasser, Stockholm 1976, 5. Aufl., 1993
Batmangelidj, Wasser – die gesunde Lösung, Kirchzarten, 2009
Peavey, Fuel from Water,Louisville (KY), 12. Aufl., o. J.
Wiseman, Browns Gas, Buch 1 und 2, Eagle Research, WA (USA), o. J.

Argus, Die Klimakatastrophe – was ist dran?, Jena, 2007
Henniger-Franck, Lehrbuch der Chemie, Stuttgart, o. J.
Haber, Der Stoff der Schöpfung, Stuttgart, 1966
Krausz, Das Universum funktioniert anders, Hamburg, 1998
Stevens, Hitler's Flying Saucers, Kempten (Illinois), 2003
Jennrich, Schwermetalle – Ursache für Zivilisationskrankheiten, Hochheim, 2007

Über den Autor

Ulrich F. Sackstedt, geb. 1946, studierte Naturwissenschaften und Pädagogik, bildete sich autodidaktisch auf verschiedensten Wissensgebieten weiter, ist seit 1972 im Bildungssektor tätig und arbeitet seit 1990 auch als freier Autor, Übersetzer und Publizist.

Bisher sind von ihm erschienen:

1. Australien – Handbuch für Auswanderer, 5. Aufl., Paul Pietsch, Stuttgart

2. USA – Handbuch für Auswanderer, 2. Aufl., Paul Pietsch, Stuttgart

3. Auswandern nach Neuseeland, Hayit, Köln

4. Auf nach Down Under, 3. Aufl., Conrad Stein, Welver

5. Weites grünes Land, 1. Aufl., Conrad Stein, Welver

6. Übersetzung des Buches von Bruce Cathie, Die Harmonie des Weltraums, Michaels Verlag, Peiting

Informationen des Verlages:

Andrew Carrington
Hitchcock – Satans Banker

Was geschah, als Jesus auf die Geldwechsler im Tempel traf? Er warf sie hinaus und sagte: „Mein Haus soll ein Ort des Gebets sein, aber ihr habt eine Räuberhöhle daraus gemacht!"

Ab sofort erhältlich!

Was geschah, als Jesus auf die Geldwechsler im Tempel traf? Er warf sie hinaus und sagte: „Mein Haus soll ein Ort des Gebets sein, aber ihr habt eine Räuberhöhle daraus gemacht!" Und in der Offenbarung des Johannes steht betreffs des ehrsamen Menschen: „Ich kenne Deine Drangsal und Armut, dennoch bist Du reich. Ich weiß auch, daß Du von jenen geschmäht wirst, welche Juden zu sein behaupten und es doch nicht sind, sondern eine Versammlung Satans." Hier weiß die Apokalypse sehr wohl zwischen gottergebenen Juden und einer bösartigen Clique egomaner Halunken zu unterscheiden. Es ist die uns innewohnende Liebe und die Verantwortung unseren Mitmenschen gegenüber, die uns sagt, daß wir den teuflischen Verlockungen nach Macht, Ruhm und übermäßigem Besitz widerstehen sollen. Aber nicht alle können das. Gar manche haben sich „dem Teufel verschrieben", um das Spiel der irdischen Macht über alle dadurch verursachten Leiden hinweg mit allen Konsequenzen gnadenlos auszukosten. Doch dieses duale Spiel der Gegensätze neigt sich dem Ende zu. Die Lakaien der Macht sind in diesem Endzeit-Szenario derzeit dabei, durch übergroße Gier verursacht, serienweise in ihr eigenes Schwert zu stürzen. Insgeheim ahnen sie es in ihrem letzten Aufbäumen bereits, daß ihr dunkles Spiel bald abgepfiffen wird.
Das Erwachen der Menschheit ist trotz demagogischer Gehirnwäsche und massenmedialer Desinformation nicht mehr aufzuhalten. Die Zeichen der Zeit stehen auf massive Veränderung, und es ist für die darob verzweifelten Strippenzieher zu spät, das Ruder nochmals mit ihren alten Tricks herumzureissen. Untergang oder Seitenwechsel ist nun deren Devise.

ISBN 978-3-941956-66-7

Ralf U. Hill
Das Deutschland Protokoll

Die Bundesrepublik Deutschland ist ein souveräner Staat, und das Grundgesetz ist unsere Verfassung. So wird es uns seit 1990 hypnotisch eingetrichtert, und beinahe jedermann glaubt es. Aber stimmt das wirklich so? Oder wird im angeblich freiesten Staat deutscher Geschichte nur Augenwischerei betrieben? Wenn Sie an Tatsachen und nicht an Märchen interessiert sind, sollten Sie weiter lesen. Wenn Sie aber weiterhin den gleichgeschalteten Massenmedien unter US-Hoheit Glauben schenken möchten, dann legen Sie es besser wieder weg, denn die Fakten könnten Sie vielleicht überfordern! Dieses Buch offenbart Ihnen erstmals,

- daß die BRD kein souveräner Staat, sondern ein weiterhin fortbestehendes besatzungsrechtliches Mittel der Alliierten ist.
- -warum sich die bundesdeutsche Politik weiterhin nach US-Vorgaben auszurichten hat.
- warum seit 1990 keine gesamtdeutschen Wahlen stattfinden.

Sie finden hier erstmals alle Beweise und Fakten, die es Ihnen ermöglichen, die in diesem Buch vorgetragenen Behauptungen selbst zu überprüfen. Das Traurige an diesem Buch ist die Wahrheit darin. Sie sind vielleicht der Meinung, das sei alles weit hergeholt? Wissen Sie, weshalb Sie einen Personalausweis und keinen Personenausweis besitzen? Wessen „Personal" sind Sie? Vielleicht sind Sie sich auch wirklich ganz sicher, daß Deutschland mit dem 2plus4-Vertrag von 1990 einen Friedensvertrag hat. Selbstverständlich ist auch das Grundgesetz für die Bundesrepublik Deutschland unsere Verfassung – das wird sogar in Schulen so gelehrt. Sie können hoffentlich mit diesen und mehr Enttäuschungen umgehen, denn genau dies wird dieses Buch mit Ihnen tun: Es wird Sie „enttäuschen" und Ihnen ungeschminkt die verschwiegenen Fakten präsentieren, vor denen sich die Bundespolitiker aller Fraktionen so sehr fürchten!

ISBN 978-3-940845-88-7

Andreas Clauss
Das Deutschland Protokoll II

Das Wissen über die Mechanismen des (globalen) Finanzsystems war zu allen Zeiten nur einer begrenzten, ausgewählten Zahl von Eingeweihten zugänglich, wie einer der ersten Bankiers, Mr. Rothschild, bereits im Jahr 1863 treffend erkannte:
„Die Wenigen, die das System verstehen, werden so sehr an seinen Profiten interessiert oder so abhängig sein von der Gunst des Systems, daß aus deren Reihen nie eine Opposition hervorgehen wird.
Die große Masse der Leute aber, mental unfähig zu begreifen, wird seine Last ohne Murren tragen, vielleicht sogar ohne zu mutmaßen, daß das System ihren Interessen feindlich ist."
Anhand der jüngsten Finanzkrise und der gegenwärtigen Rechtslage und Rechtssprechung in Deutschland zeigt der Autor, daß die Gültigkeit des Zitates aus dem 19. Jahrhundert auch heute noch zutrifft. Doch geht es in unserer globalisierten Welt um ganz andere Dimensionen, die Welt droht in eine Schieflage zu geraten, wie sie nur mit der großen Wirtschaftskrise der 20er Jahre zu vergleichen ist.
Auf unterhaltsame und informative Weise führt Sie der Autor in die Hintergründe der Finanzkrise und deren Auswirkungen auf Ihr Leben ein. Gleichzeitig erhalten Sie Ideen und Anregungen, wie man sich selbst diesem Teufelskreis aus Mißtrauen und verantwortungslosem Kasino-Kapitalismus entziehen kann.
In Fortsetzung des ersten Bandes zeigt der Autor persönliche Wege aus der Geld-, Steuer- und Abhängigkeitsfalle.
Sie bekommen ein paar Ideen, auf welchem Wege es gelingen wird, sich über das Thema Gemeinnützigkeit und Ausland, dem Geld- und (Un-)Rechtssystem der BRD zu entziehen, ohne gleich das Land verlassen zu müssen. Nach den Worten des Autors setzt sich das Wort Wertpapier aus zwei unterschiedlichen Substantiven zusammen. Wert und Papier. Wie Sie mittlerweile selbst den Mainstreammedien entnehmen können, gehen diese jedoch getrennte Wege...

ISBN 978-3-940845-90-0

Toni Haberschuss
Das Deutschland Protokoll III

Dieses Buch wird Sie an Ihrem Verstand zweifeln lassen!

Der Autor erzählt in berichtender Romanform Erlebnisse, die rückwärts betrachtet und im Vergleich zu den Geschehnissen der Zeit auf einmal einen Sinn ergeben. Erst jetzt wird die Bedeutung von bestimmten Zeitabläufen in Bezug auf Politik, Wissenschaft (insbesondere der Physik), medizinische Versorgung und Behandlung und Pharmaindustrie deutlich.

Wir werden nicht richtig ernährt. Wir werden medizinisch falsch behandelt. Wir werden mit pharmazeutischen Produkten regelrecht hingemordet. Und das alles mit dem Segen der Politik. Aber es geht noch weiter. Die Politik hält uns in Bezug auf alternative Energien völlig unterbelichtet, erklärt uns aber über die gekauften Medien ständig ihr Bemühen, die Entwicklung von „alternativen" Energien zu fördern. Dabei handelt es sich aber nur um Techniken, die nicht in Konkurrenz zu bestehenden Energieträgern stehen und diese deshalb niemals ersetzen können. Tatsachen, die ein völlig neues Weltbild ergeben, werden zurückgehalten und nur ausgesuchten Eliten zugänglich gemacht. Es ist ein so unglaubliches Komplott, daß das Wissen darum niemals einer großen Öffentlichkeit zugänglich gemacht werden darf. Politiker oder Wissenschaftler können für solche Miß-Handlungen am Volk nicht einfach gekauft werden. Wie die Elite dazu gebracht wird, bei solchen Volksmordungen mitzumachen, ist für den normalen Menschen nicht vorstellbar. Wer ist diese Personengruppe, die eine solche Macht ausübt, reihenweise Staatschefs als Vasallen zu beschäftigen? Dieses Buch ist nichts für schwache Nerven, denn es wird die Vorstellungen – über machbare Perversionen und Verbrechen – von normalen Menschengehirnen weit übersteigen.

ISBN 978-3-940845-97-9

Michael Winkler
Politik am Pranger

Der Pranger war eine Einrichtung der mittelalterlichen Strafjustiz, ein Brett, an das Straftäter in völliger Hilflosigkeit gefesselt wurden, um ihre Schandtaten der Öffentlichkeit preiszugeben...

Ab sofort erhältlich!

Wer am Pranger stand, wurde verspottet. Das war eine vergleichsweise milde Strafe in einer Zeit, in der bedenkenlos geköpft, verbrannt und verstümmelt wurde.

Seit Oktober 2004 erscheinen auf der Internetseite www.MichaelWinkler.de in der Rubrik „Pranger" allwöchentlich Texte zu einer großen Auswahl von Themen. Unter Kennern haben diese Texte längst Kultstatus erlangt. Wirtschaft, Politik, Vorsorge, Philosophie – es gibt in Deutschland keinen zweiten Autor, der in dieser Qualität und mit dieser Ausdauer ein derart breites Themenfeld bearbeitet.

Dieses Buch enthält ausgewählte Texte zum Thema Politik. Es ist in sechs Kapiteln untergliedert und nimmt die Demokratie, die Zerfallserscheinungen in der BRD, die selbstherrlichen Parteien, die offizielle Geschichtsschreibung und die desinteressierten Mitmenschen aufs Korn. Das letzte Kapitel ist der Erneuerung gewidmet, der Hoffnung auf Besserung.

Einige Texte aus der Zeit der Regierung Schröder wurden an den nötigen Stellen aktualisiert, die Sachverhalte jedoch sind leider noch immer erschreckend relevant. Am Pranger steht die Politik der Gegenwart, das Geschehen, mit dem wir Tag für Tag konfrontiert werden. Der mittelalterliche Pranger diente der Belehrung, der Angeprangerte sollte zur Einsicht gebracht werden – und er sollte weiterleben, um sich zu bessern. Genau dies ist die Absicht der Internetseite und dieses Buches.

ISBN 978-3-941956-34-6

Gert Steiner
Die Deutsche Dreifaltigkeit

Wir leben heute in einer Zeit, in der die joviale Ehrlosigkeit allgemein geworden und die staatliche Führung zum Lumpenpack verkommen ist.

Richard Wagner, Karl May und Adolf Hitler erfaßten die Ressentiments, Ängste und Sehnsüchte ihrer Umwelt stärker als alle anderen Musiker, Schriftsteller und Staatsmänner der Neuzeit, sie haben latent vorhandene Strömungen zu bündeln gewußt und ihnen damit eine Stoßkraft verliehen, die – je nach betrachtetem Fall – befruchtend oder verheerend wirkte.

Jeder dieser drei Deutschen hat eine Lösung anzubieten, die jubelnd aufgenommen und assimiliert wird, jeder dieser drei erweist sich als ein Magier, der die Zeit wesenlos und eine als bedrückend empfundene Realität vergessen machen kann.

In seiner leidenschaftslos-sachlichen Darstellung wendet sich das Werk an die wenigen geistig und emotionell gesund Gebliebenen unserer Tage. Er versteht sich als Kontrapunkt zu den zahllosen verflachenden Darstellungen hauptamtlich bestallter Geschichtskosmetiker und dem täglichen Geschwätz der Rednertribüne.

Gert Steiner (Pseudonym) ist promovierter Naturwissenschaftler, parallel in Wirtschaft und universitärer Forschung tätig, und hat mehrere Fach- und Sachbücher (unter anderem Namen) bei renommierten Wissenschaftsverlagen publiziert.

ISBN 978-3-941956-27-8

Michael Winkler

Das deutsche Jahrhundert – Staatskonzepte der Zukunft

Dies ist ein Buch für die Schublade...

Wir bewegen uns unaufhaltsam auf Veränderungen zu, die so bedeutend sind, wie jene in den Jahren von 1910 bis 1960. Nur wird das, was damals fünfzig Jahre gedauert hat, in gerade einmal fünf Jahren stattfinden.

Wir leben in den letzten Tagen des uns vertrauten Staates, in den letzten Tagen trügerischer Ruhe und Sicherheit. So, wie 1910 bereits der Keim zu zwei Weltkriegen und dem Ende des Kolonialzeitalters gelegt gewesen war, so ist auch heute schon die Zerstörung dessen absehbar, was uns heute noch unerschütterlich stabil erscheint.

Wenn wir nicht aus den Fehlern der Gegenwart lernen, sind wir verdammt, diese Fehler fortzusetzen. Es ist zu spät, die alte Bundesrepublik zu retten. Die Politiker, die diesen Staat an sich gerissen haben, wissen nicht mehr weiter. Es geht ihnen um den Erhalt von Pfründen und Privilegien, nicht um das Wohl unseres Landes.
Das jetzige System läßt uns vor seinem Zusammenbruch noch die Zeit, ein Konzept für eine bessere Zukunft zu entwickeln – ein Konzept, wie Deutschland im Jahr 2020 aussehen soll.
Wenn der Staat sich auflöst, in der kommenden Stunde Null, ist es zu spät, neue Konzepte zu entwickeln. Wenn dann nichts in der Schublade bereit liegt, wird improvisiert, zusammengestückelt und der Not folgend auf die Schnelle organisiert, was wohldurchdacht aufgebaut werden sollte.

Dieses Buch ist eine Anleitung für den Aufbau eines besseren Staates, der die Fehler der Vergangenheit meidet. Deshalb sollte es für den Fall der Fälle griffbereit in der Schublade liegen.

ISBN 978-3-940845-22-1

Hans-Jörg Müllenmeister
Erlebtes Universum

Darf ich Sie zu einer Reise durch die Welt der Rohstoffe einladen? Oder besuchen Sie lieber eine indische Palmblattbibliothek? Aber ich erkläre Ihnen auch gern den Aufbau des Universums, wenn Sie das mehr interessiert.
Das Universum umgibt uns, zugleich sind wir selbst ebenfalls das Universum. Eisen baut nicht nur mit Tausenden Tonnen den Eiffelturm auf: Ein einzelnes, unbedeutendes Atom davon hält uns am Leben, denn dieses eine Atom färbt unser Blut rot und sorgt dafür, daß der Sauerstoff der Atemluft die letzte Körperzelle erreicht. Tauschen wir dieses winzige Eisenatom im Zentrum dieses Moleküls gegen Kupfer, wird das Ergebnis grün – und aus Hämoglobin ist Chlorophyll geworden, der Blattfarbstoff in der Pflanzenwelt.
In diesem Universum hängt alles mit allem zusammen, niemand lebt isoliert für sich allein. Sie leben in diesem Universum, hoffentlich ruhig, unbehelligt und zufrieden. Sie haben die Möglichkeit, dieses Universum zu *ER*-leben, die Zusammenhänge zu erforschen und zu verstehen.
Es geht in diesem Buch um Ihre Gesundheit, um Ihre Ernährung, um das giftigste Tier der Welt, um Dinosaurier und um das, was der Schöpfer vor dem Urknall getan hat. Es sind Partikel der Weisheit, zusammengetragen in einem ganzen Leben.
Dieses Buch schlägt die Brücke zwischen Dingen, die sich scheinbar nicht vereinbaren lassen, denn es geht um ein subjektives, ein erlebtes Universum. Und Sie finden darin exotische Materialien wie Zirkonium, Rhenium und Indium – Substanzen, die kaum im Wirtschaftsteil der Medien auftauchen. Aber weil eben alles mit allem zusammenhängt, bestimmen diese Rohstoffe unsere Zukunft. Leider gehören dazu auch Krisen, Konflikte und Kriege der Zukunft. Kriege um Wasser und Düngemittel, um Erdöl und Metalle, um das Überleben der Industrie – und das Überleben der Menschen. Wenn Sie verstehen wollen, warum das alles so passiert, warum das Universum direkt in Ihr Leben eindringt – hier finden Sie die Erklärungen!

ISBN 978-3-940845-41-2

Zeitgeist – Der Film

„Zeitgeist“ ist ein nonkommerzielles Film-Projekt, das nach jahrelanger Recherchearbeit im Jahr 2007 von Peter Joseph umgesetzt wurde.

Seit der englischen Veröffentlichung Mitte 2007 ist der Film bis heute in mindestens 20 Sprachen übersetzt worden, u. a. in Deutsch, Spanisch, Französisch, Japanisch und Russisch. Nach konservativen Schätzungen wird der Film täglich allein über die Video-Streaming Plattform „Google Video“ mehr als 70.000 mal gesehen, das sind mehr als 2 Millionen pro Monat. Der Film nimmt damit weltweit hohe Positionen in den Video-Charts ein.

Der Film stellt die provokante Frage, welche Gemeinsamkeiten Jesus Christus, der 11. September und die Federal Reserve Bank haben.

Dabei wird im ersten Teil des Films ausführlich auf die astrotheologischen Hintergründe und Mythen um die Figur des „Jesus Christus“ eingegangen. Dabei stellen sich Gemeinsamkeiten mit Göttern anderer, teilweise viel älterer Kulturen heraus.

Der zweite Teil des Films widmet sich vorwiegend den Terroranschlägen des 11. September 2001, mit dem Versuch, dieses Ereignis kritisch zu betrachten und es in einen Kontext mit anderen terroristischen Anschlägen zu bringen.

Im dritten Teil wird der Frage nachgegangen, wer die Männer hinter dem Vorhang sind. So wird u. a. die Geschichte rund um die Entstehung des Zentralbankensystems der USA beleuchtet, und es wird ein kritischer Blick auf wirtschaftliche und kriegerische Ereignisse des 20. Jahrhunderts geworfen. Der Film schließt mit der Entlarvung des vorherrschenden Zeitgeistes als gänzlich auf Angst basiert.

122 Minuten, mit deutscher Tonspur von infokrieg.tv.

ISBN 978-3-940845-64-1

Police State 3 – Die totale Versklavung

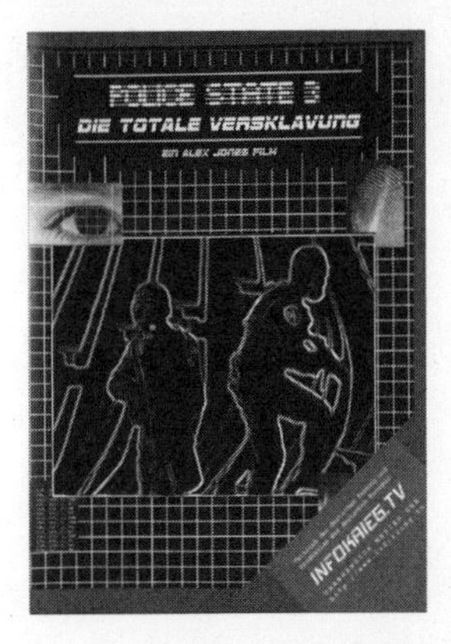

Alex Jones' letzter Teil der Dokumentarfilmreihe über das Gefängnis, das weltweit um uns herum unter dem Vorwand der Terrorbekämpfung errichtet wird.

Erfahren Sie, wie die Völker der Welt durch verdeckte Kriegsführung, Anschläge unter falscher Flagge, sowie Marionettenregierungen auf nationaler und internationaler Ebene in ein globales, diktatorisches Regime getrieben werden. Alle unsere Bewegungen sollen durch modernste Technologien lückenlos überwacht und gesteuert werden. Mit neuen Gesetzen können Regierungen jeden mißliebigen Bürger zum Terroristen erklären. Im Fernsehen wird inzwischen offen die Folterung von Kindern befürwortet.

Es wird Zeit, daß Sie den Wahnsinn durchschauen!

160 Minuten, mit deutscher Tonspur von infokrieg.tv.

ISBN 978-3-940845-66-5